上海大学出版社

2005年上海大学博士学位论文 13

U0358930

液体粘性调速离合器工作机理研究与模糊控制器试制

- 作 者：洪　　跃
- 专 业：机械电子工程
- 导 师：刘　　谨

2005 年上海大学博士学位论文 13

液体粘性调速离合器工作机理研究与模糊控制器试制

作　者：洪　跃
专　业：机械电子工程
导　师：刘　谨

上海大学出版社
·上海·

Shanghai University Doctoral
Dissertation (2005)

Study Behavior of Speeding Wet Clutch and Fuzzy Controller

Candidate: Hong Yue
Major: Mechatronic Engineering
Supervisor: Prof. Liu Jin

Shanghai University Press
• **Shanghai** •

上 海 大 学

　　本论文经答辩委员会全体委员审查,确认符合上海大学博士学位论文质量要求.

答辩委员会名单:

主任: **胡德金**　教授,上海交通大学　　　　　　200030

委员: **翁世修**　教授,上海交通大学　　　　　　200030

　　　郦鸣阳　教授,上海理工大学　　　　　　200093

　　　林财兴　教授,上海大学　　　　　　　　200072

　　　张国贤　教授,上海大学　　　　　　　　200072

导师: **刘　谨**　教授,上海大学　　　　　　　　200072

评阅人名单：

　　翁世修　教授，上海交通大学　　　　　　　200030

　　梅雪松　教授，西安交通大学　　　　　　　710049

　　王宛山　教授，东北大学　　　　　　　　　110004

评议人名单：

　　冯培恩　教授，浙江大学　　　　　　　　　310027

　　郭东明　教授，大连理工大学　　　　　　　116024

　　张福润　教授，华中科技大学　　　　　　　430074

　　张国贤　教授，上海大学　　　　　　　　　200072

答辩委员会对论文的评语

洪跃同学的博士论文《液体粘性调速离合器工作机理研究与模糊控制器试制》选题正确、具有前沿性及重要的学术意义与应用价值. 论文主要研究成果及创新体现在以下几个方面：

（1）构造了基于非牛顿流体、摩擦副几何形状、表面粗糙度等因素的粘性调速离合器摩擦副工作机理的分析模型，揭示了输入、输出轴之间的运动、动力特性与上述因素之间的关系，为粘性调速离合器的设计、正确运行提供了理论基础；

（2）分析了粘性调速离合器在不同工作点的动态模型，用模糊技术实现调速与控制的分析仿真，为模糊控制技术在粘性调速器中的应用建立了理论基础；

（3）设计和制造了一个数字模糊控制器，经过调速器的闭环控制实验，得出了比较满意的结果.

论文资料确凿、论据充分、论证严谨、表述规范、结构合理. 从论文中可以看出作者具有扎实的基础理论和专业知识，具有独立科研能力与创新能力. 在答辩中，阐述清楚，回答问题正确.

答辩委员会表决结果

　　答辩委员会成员通过评议和无记名投票表决，全票同意通过洪跃同学的博士论文答辩，并建议授予博士学位.

答辩委员会主席：胡德金

2004 年 9 月 17 日

摘　　要

　　液体粘性调速离合器是利用多个摩擦圆盘间的油膜剪切力来传递动力,并通过改变油膜厚度实行无级调速.本文主要从其工作机理的解析入手,分析液体粘性调速离合器的工作机理与输出特性,讨论了影响粘性调速离合器工作性能的各种因数,同时采用模糊技术,探讨实现模糊控制的可行性,并对模糊控制器的研制作了尝试.

　　鉴于近年来工程中广泛采用聚 α-稀烃型、聚酯型等合成油作润滑剂;在调速范围内,液体粘性调速离合器中的摩擦副往往工作在流体润滑、混合润滑、边界润滑直到直接接触的工况.基于这些特点,笔者采用了幂律型非牛顿流体模型、Patir-Cheng 的平均流量模型、GT 两粗糙平面接触模型构建了粘性调速离合器摩擦副工作机理的研究模型,同时计入了油膜的惯性与热效应影响.文章详细地研究与推导了适应粘性调速离合器摩擦副工作机理的雷诺方程、摩擦副之间的流体平均能量方程、摩擦副表面微凸体接触的压力方程和固体传热方程;在流体润滑、流体混合润滑状态下,进行了数值计算;对粘性调速离合器的摩擦副材料、沟槽形状、表面粗糙度、热效应等对传递转矩、平均推进压力、输出转速以及膜厚比的影响进行了讨论分析.研究结果表明:被动盘表面开设沟槽不但可以形成动力润滑,而且更重要的是可以对摩擦副表面起冷却作用;不同沟槽形状对工作机理的影响不大,但沟槽数量与沟槽角度会对工作特性有一定的影响;对于粘性调速离合器而言,其摩擦副的热效应主要由于相对转速所致,相对转速越大,则热效应越显著;流体惯性效应通常不显著,只有当摩擦盘半径较大且绝对转速高于 1 500 r/min 时,才需考虑.本文还揭示了摩擦副工作时所涉及的输出转速、传递转矩、平均推进压力以及摩擦副间隙等参数之间的相互关系,所有这些将对粘性调速离合器的设计有着指导意义.

根据粘性调速离合器的运行特性,作者建立了动态分析模型,采用近似线性控制理论对其进行了定量分析与仿真,讨论了调速稳定性的基本要素.当粘性调速离合器工作在动力润滑区域,系统是稳定的;但进入混合润滑状态时,系统工作处于不稳定状态,需要采用反馈闭环系统来实现稳定控制.考虑到粘性调速离合器属于非线性系统,很难用数学方程组来描述其系统状态特性,所以尝试用模糊控制技术来实现调速控制.文章主要从实际应用的角度阐述了模糊控制技术的基本方法,对模糊控制技术在粘性调速离合器上的应用进行了讨论,建立了模糊控制的研究模型,构建了模糊变量、控制规则控制表,完成了控制仿真,证实了实现模糊控制的可行性.本文还根据现有的技术与硬件条件,完成了模糊控制器的研制以及控制试验.这些分析与试验为未来控制器设计提供了依据.

关键词 粘性调速离合器,模糊控制器,摩擦副,幂律流体

Abstract

Multi-frictional disks are employed to transmit the torque in speeding wet clutch, and the oil thickness within frictional disks could be adjusted for practical output speeding. The paper presents the analysis for behavior and output characteristics of speeding wet clutch, discusses factors which have impact on the speeding wet clutch. The fuzzy technology is applied for estimating feasibility of speeding wet clutch control. The fuzzy controller is made on trial and error.

Since oil combined with α-hydrocarbon or polyester is getting widely used as lubricant and the frictional disks in speeding wet clutch work within hydrodynamic lubrication, mixture lubrication, boundary lubrication and contact situation, the author establishes the analysis model for investigating the behavior of frictional disks in speeding wet clutch based on above characters, which covers the power-law fluid model, Patir-Cheng average flow model, 'GT asperity contact model, oil film inertia and thermal effect. The paper describes and deduces the formulas for speeding wet clutch in detail, which are Reynolds equation, mean energy equation, aspect pressure equation, and heat conduction equation. The numeral calculation is executed in hydrodynamic lubrication and mixture lubrication. The analysis is presented for frictional material, groove shape, surface roughness, and thermal effect impacted on transmitted torque, mean push pressure, output speed, and film thickness rate in speeding wet clutch. The paper indicates that the groove in the passive frictional dish not only forms hydrodynamic film, but also cools surface of frictional dish, that the different shapes of the groove are less influence on the speeding wet clutch working behavior, but number and angle of the groove in speeding wet clutch have effect on the speeding wet clutch working behavior, that the more relative speed is, the more thermal effect does for speeding wet clutch, and that the fluid inertia could be ignored while the relative speed is less than 1,500 rad/min, otherwise the thermal influence should be considered. The paper also discovers the relationship with output speed, transmitted torque, mean push pressure, and film thickness rate, which is significant to speeding wet clutch design.

The writer sets up dynamic analysis model. An approximate linear control theory is used to consider essential of speeding stability after quantitative analysis and simulation are executed. The speeding system is stable while the speeding wet clutch works in the hydrodynamic region, and is unstable while the speeding wet clutch works in the mixed hydrodynamic region. The feedback is employed in order to realize to stable control. As the speeding wet clutch works as nonlinear and complex, the fuzzy control technology is attempted to make speeding control because it is difficult to obtain exact mathematical model to describe the speeding manner. The thesis states the fuzzy control technology application in speeding wet clutch after expanding fundamental knowledge and approach of fuzzy control technology, sets up the fuzzy control research model, constructs fuzzy variables, makes control rules, completes control simulation, and verifies the feasibility of fuzzy control. The paper describes the fuzzy controller made with technique and hardware in hand and its testing. The analysis and discussion of fuzzy control application mentioned above are helpful to future fuzzy control design.

Key words　speeding wet clutch, fuzzy controller, friction dish, power-law fluid

目　　录

第一章　引　言

1.1　粘性调速离合器简介

　　液体粘性调速离合器(图1.1)简称粘性调速离合器,亦称奥美伽离合器,是一种利用液体粘性和油膜剪切作用无级可控的高新技术节能产品,它可广泛应用于需要无级调速的各种场合,并且特别适用于大功率风机水泵的调速节能,是此领域的一个最佳选择.

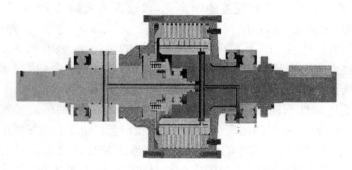

图1.1　液体粘性调速离合器的结构简图

　　当不考虑轴承和密封等摩擦损失时,液体粘性调速离合器输入转矩等于输出转矩,输出转速可以从异步到同步无级可调. 所以广泛用于重载工况下实行"软启动",即可控制地逐步克服整个系统的惯性而平稳地启动."软启动"不仅能够大幅度减轻传动系统本身所受到的启动冲击,延长关键零部件的使用寿命,同时还能大大缩短电动机启动电流的冲击时间,减小对电动机的热冲击负荷及对电网的影响,从而节约电能并延长电动机的工作寿命.

液体粘性调速离合器通常应用于大型的风机和水泵上,对其进行无级调速,并起到了良好的节能效果.据统计全国风机和水泵的总耗电量约占全国总发电量的 31%,接近全国工业用电量的 50%.而在电力系统的火力发电厂,风机和水泵的总耗电量约占全厂用电量的 82%.因此,降低风机和水泵的电耗对节能挖潜具有重大意义.降低风机水泵的电耗,除了提高风机或水泵与本身的效率外,采用调速驱动是一种极为有效的措施.有资料表明:在"十五"期间,据预测在全国电力系统,平均每年电力的需求量递增 5%,考虑到有些机组退役,因此还会有 6 000~7 000 万 kW 投产.与风机直接相关的火力发电机组,主要发展火力发电机组是 30 万 kW 以上高参数、高效率、调峰性能好的洁净燃煤机组、燃气蒸汽联合循环机组.在石油化工行业,天然气的西气东输项目,每 50 km 需要一个加压站.在"十五"期间将要落实 30 万 t/年合成氨装置的国产化,该装置需要配 4 万 m^3/h 的空分装置.冶金工业将在结构的调整中,发展大型转炉、电炉、炉外精练、连铸与薄板轧钢.在"十五"期间,农业发展的集约化、城市基础设施建设都会有巨大的发展.以上各产业的发展规划均隐含了风机与水泵的大市场,也间接地反映了液体粘性调速离合器应用的市场潜力.

液体粘性调速离合器与齿轮组合可以成为高效的传动装置如图1.2 所示.液体粘性调速离合器工作在啮合与分离工作状态可用作联轴器,它是四轮驱动汽车的主要部件.将液体粘性调速离合器的被动轴固定,或将被动摩擦片与固定的壳体相连,则就改造成了"液体粘性制动器",由于制动器依靠转速差和油膜厚度的变化来获得所需的制动转矩,因此其最大的优点是制动平稳,制动转矩可控,寿命长.

液体粘性调速离合器是属于液体粘性传动的一种,它是利用液体的粘性及油膜剪切来传递动力的.其基本原理是牛顿内摩擦定律:两平行的平板间充满粘性的液体,形成一定的油膜厚度.当两平板作相对运动时,其间的平板受到剪切作用,动力由主动摩擦盘传向从动摩擦盘.油膜所传递的切应力大小与液体的动力粘度成正比,与两平盘的相对速度成正比,与油膜厚度成反比.液体粘性调速离合器通过

① 齿轮减速箱　② 输出轴　③ 轴承　④ 密封环　⑤ 齿轮　⑥ 静摩擦片
⑦ 动摩擦片　⑧ 润滑油管道　⑨ 速度传感器　⑩ 推力油缸　⑪ 热传感器

图 1.2　液体粘性调速离合器与齿轮组合结构

调节油膜厚度来改变所传递动力的大小,从而达到无级调速的目的.
该传动技术不同于液压传动与液力传动.液压传动是基于帕斯卡定
律,以液体的压能来传递动力的.液力传动是基于欧拉方程,以液体
动量矩的变化来传递动力,典型的产品有液力耦合器、液力变矩器.

液体粘性调速离合器的结构主要由工作部件与控制部件组成
(图 1.3).工作部件是主动摩擦盘和被动摩擦盘,它们分别通过花键
与主动轴和被动轴相连接.在主、被动摩擦盘之间有均匀分布的油
膜,这种油膜就是传递扭矩的工作介质.扭矩由主动轴经花键传给主
动摩擦盘,再通过油膜剪切力传给被动摩擦盘,最后经花键传给被动
轴.主、被动摩擦盘不是一片,而是多片,它们交替排列成一组.所有
摩擦片均可以沿轴向滑动,来改变它们之间的距离.控制部件由电液

比例溢流阀、执行器、传感器等组成. 调速时, 电液比例溢流阀根据系统指令控制油腔压力, 使执行器改变主、被动摩擦盘之间的距离, 即改变主、被动摩擦盘之间的油膜厚度, 实现无级调速.

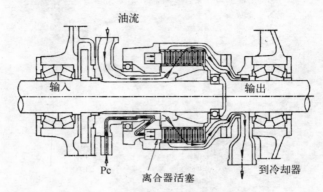

油流

输入　　　　　　　　　　　　　　　　输出

Pc　　离合器活塞　　　　　　到冷却器

图 1.3　液体粘性调速离合器

液体粘性调速离合器的工作原理如下: 当电动机的转速一定时, 如果油缸压力最小, 活塞在弹簧力的作用下处于极左端的位置, 则主动摩擦盘和从动摩擦盘间的油膜厚度最大, 传递的转矩最小, 因而负载转速最低; 如果油缸压力增加, 活塞克服弹簧力而压向摩擦盘, 油膜厚度减小, 传递转矩增大, 因而负载转速增高; 如果油缸压力增大到一定值, 油膜厚度为零, 主动摩擦盘和从动摩擦盘被压紧成一整体旋转, 负载转速最高, 且等于电动机转速, 实现同步传动. 值得注意的是: 在同步传动工况下, 油膜厚度为零, 主动盘和被动盘无转速差, 此时已不是液体粘性传动, 而是机械摩擦传动.

应该注意到, 虽然粘性调速离合器与粘性离合器都属于流体粘性传动, 但它们的工作特性是有区别的. 粘性离合器工作着重于啮合、脱开, 而粘性调速离合器工作着重于调速, 即在某个油膜间隙的条件下, 以一定的速比传递转矩稳定地工作. 调速范围涉及流体润滑 (油膜厚度与表面粗糙度综合值的比值 h/σ 约为 3～5)、混合润滑 (h/σ 为 3 以下)、边界润滑 (h/σ 约为 0.4 以下) 三个阶段. 最后, 进入静摩擦状态,此时油膜厚度为零,主、被动摩擦片压紧成一体,相对运动速度为零,是液体粘性调速离合器的同步传动工况.

液体粘性调速离合器的特点:

(1)结构紧凑,体积小,占地面积也小;

(2)可以实现对输出转速的无级调节;

(3)在任何情况下,若不计机械损失,输入转矩等于输出转矩;

(4)主动轴的旋转方向不同时,不影响其传动性能;

(5)调速灵敏度高,采用闭环控制时,可以获得准确、稳定的输出转速;

(6)调速操作简便易行,既可以自动控制,也可以就地操作或远距离遥控;

(7)可以实现传动比为1的同步传动,当传动比 $i = 1$ 时无滑差损失,效率可达 100%(理论值),可当联轴器使用;

(8)由于液体粘性调速离合器由机械元件组成,所以可靠性高,维护简便;

(9)通过增减摩擦盘的数量可使传递的功率在很大范围内变化,容易实现产品系列化;

(10)可以与各种升速、降速齿轮组配合应用,以获得最佳速比,扩大使用范围;

(11)适用于价格便宜、效率高、结构简单、运行可靠的笼式电动机,大幅度降低了设备投资;

(12)可以空载起动电动机,大大降低起动电流,避免对电网的冲击.

1.2 粘性调速离合器运行的几个关键问题

从液体粘性调速离合器工作过程来看,可以分为瞬态与稳态两种状况.瞬态指:若负载从静止到期望转速,则调速离合器的工作过程是粘性流体的油膜挤压传动过程,油腔压力随离合器活塞推进而上升,随之产生粘性剪切力使被动轴转动该类离合器的工作. 稳态指: 负载在期望转速工作时,属于粘性流体的动压或静压(对于带有沟槽的摩擦副在有相对转速的条件下,油腔压力是动压;对于平行光滑摩擦副,则油腔压力是静压)传动过程,此时油腔压力为一定值,流体的粘性剪切效应使被动轴以期望的转速运行. 根据负荷的工况,采用电液控制技术,对摩擦副间的膜厚进行控制,保持其在期望转速下运行. 可以近似地认为: 瞬态仅产生于运转初始,当进入期望转速后,粘性调速离合器处于稳态工作状态,不同期望转速的集合构成了调速特性. 瞬态运行是粘性离合器的主要特征,而稳态运行是粘性调速离合器的主要特征. 因此,在定常条件下,粘性调速离合器工作机理与控制研究的关键在于:

(1)液体粘性调速离合器的工作介质,即润滑油,其物理参数(密度、粘度、温粘效应等)对系统特性的影响.

(2)液体粘性调速离合器中摩擦副的材料及表面形貌对系统运行特性的影响.

(3)液体粘性调速离合器的传递转矩、油缸推进压力、输入转速、输出转速之间的相互关系,其构成了系统的调速特性. 当输入转速不变时,其油缸推进压力与传递转矩、输出转速之间的相互关系称为系统的外特性. 该外特性对系统的调速以及稳态工作控制有很大影响.

(4)传动比从 0 到 1 的无级调速范围是系统从异步到同步的调速过程,也是摩擦副工作特性转变的过程,即摩擦副工作状态由流体润滑、混合润滑、边界润滑直至静摩擦四个阶段的转化过程. 由于边界润滑相对复杂,输出转速波动较大,系统可能会趋于不稳定工作. 要探索调速范围所涉及的工作特性区域.

(5)由于粘性调速离合器属于非线性控制系统,因此需要采用合理的控制方案来解决.

由此可见引入当今的现代科技成果,对该产品进行这些方面的研究,可以提高该类产品的技术含量,降低产品成本,提高产品的性能.

1.3　粘性调速离合器国内外研究概况

从目前掌握的资料来看,我国是在 80 年代中期开始研制液体粘性调速离合器,1986 年由杭州齿轮箱厂李延平等 5 人首次研制 TL 型产品,并通过部级鉴定.

1987 年上海交通大学花家寿、董勋、张品湘、孙广仁、周益言等曾发表过粘性调速离合器传动机理研究、分析、计算等文章. 主要阐述了在动力润滑状况下,应用雷诺方程讨论摩擦副的压力分布、传递扭矩的计算,摩擦副表面形状对压力分布、传递转矩的影响等[1].

1996 年北京理工大学魏宸官、赵家象教授出版了专著《液体粘性传动技术》,首次较系统地论述了液体粘性传动的工作机理、结构设计、理论计算以及工程应用,对我国液体粘性传动技术应用、产品研制与开发起着重要的作用[2]. 工作机理方面仍应用雷诺方程讨论摩擦副的压力分布;采用牛顿粘性定理进行传递转矩的分析;提出了粘性调速离合器实现稳态工作控制的定性分析方法. 在结构方面,作者讨论了日本、美国的粘性调速离合器结构,同时提出了自己的设计结构,并对各部件以及系统的结构设计、控制设计进行了讨论与估计. 2000 年杨乃乔、姜丽英编著的《液力调速与节能》也提及了粘性调速离合器的基本工作机理,并列出了国内生产企业与使用的标准[3].

1995 年煤炭总院太原分院立项进行可控行星差动减速器系统的研究. 其中主要的部件就是粘性调速离合器. 1998 年该项目成员王步康发表了液体粘性调速离合器产品设计及试验中一些问题探讨,提出了摩擦副工作状况是由许多因素决定的,如:排油不畅;摩擦片离合机构动作不灵活;流量小、温升高;启动频繁. 加压启动过程是一个非线性控制过程,需采用试验数据对原模型进行修正. 姜翎燕就线性离合器允许软启动的时间进行了分析,其对液体粘性调速离合器电液控制系统的设计有着积极的意义[4-6].

1992 年孙忠池、彭锡文发表了调速离合器控制系统分析一文,介绍了三种粘性调速离合器闭环控制系统：Ω 阀闭环控制系统、机械离心调速闭环系统、电液比例阀闭环控制系统. 用经典的线性控制理论对各系统进行了分析比较，认为 Ω 阀闭环控制系统和电液比例阀控制系统能方便地将转速反馈信号送入监控系统，又能接受指令信息，属集机电于一体的高科技产品，可靠性高，调节方便，要比机械离心调速器更适用于自动控制调速运行[7,8]. 1995 年张淑娥、杨再旺发表了调速型液体粘性离合器控制器的设计，给出了采用电液比例阀作为控制系统的模拟控制器硬件设计[9].

在国外，美国 Twin Disc 公司和 Philadelphia 公司是最早生产液体粘性传动装置的厂商[10]. 其产品的最大功率可达 2 万马力. 德国和日本也先后研制出了具有各种特点的液体粘性传动装置. 早期的液体粘性传动装置首先应用在大型的风机和水泵上，用于这些设备的无级调速，并起到了良好的节能效果. 随着电子技术、控制技术的发展，液体粘性调速离合器的产品日趋成熟，技术含量越来越高，性能越来越好，应用的场合也越来越广. 美国、澳大利亚、日本是该产品的主要设计生产国，目前均采用电液控制技术来实现调速控制与稳态控制.

日本 NSK 有限公司（位于：FUJISAWA, KANAGAWA）摩擦研究中心的 Shinichi Natsumeda 和 Tasuro Miyoshi 在 1994 年发表了纸基浸油离合器摩擦衬片啮合特性的数值计算，首次推导了广义雷诺方程，分析了离合器的摩擦副材料、热效应、表面粗糙度对离合器啮合特性的影响[11].

日本东京大学机械工程系 Razzzaque, M. M. 等，先后发表了数篇关于摩擦盘沟槽对粘性离合器接合过程以及转矩特性影响的文章，较全面地讨论了沟槽数量、方向、几何型貌对转矩传递的影响. 他们假设液体粘性离合器中主动摩擦盘为平面，从动摩擦盘刻有各种类型的沟槽，采用动力润滑理论进行的分析研究. 他们认为：沟槽的类型、数量、分布以及角度，沟槽面积与整个摩擦盘传递动力的面积之比对于所要传递的动力、压紧接合的时间均有影响，应作合适的选择,使损失最小.沟槽窄数量多有利于提高传递转矩;摩擦盘的面积大传递扭矩大;沟槽的角度对流量有较大的影响,在给定的负荷下,40°～60°时挤压时间最小,接合时间最短,能量损失较小[12-14].

美国 Purdue 大学 Berger E. J. 等人自 1996 年起发表了数篇关于液体粘性离合器转矩传动特性、表面粗糙度与沟槽、热效应影响的文章. 在他们的模型中,与从动摩擦盘不同的是主动摩擦盘上附有厚度为 d 的可渗透的摩擦材料,建立了有限元以及近似计算的分析仿真模型;推导出了考虑表面粗糙度、惯性、摩擦材料渗透影响的广义雷诺方程;结合微凸体接触,根据平衡关系,对摩擦副接合的三个过程(动力润滑、混合润滑、边界润滑)联立求解、计算分析. 得出离合器的接合时间与压紧力有关,压紧力越大接合时间短,转矩峰值高;摩擦副相对速度对传递的转矩影响较大;由流体润滑产生的传递转矩和微凸体接触产生的转矩具有相同的时间响应;惯性对其性能的影响相当小,可以不计[15-17].

Jang J. Y. 和 Khonsari M. M. 等曾发表了关于液体粘性离合器的热效应、热的不稳定变形以及表面粗糙度对液体粘性离合器的影响. 他们主要侧重于液体粘性离合器在结合状态的瞬态热效应分析. 在流体润滑状态,利用计入了表面粗糙度、离合器摩擦盘的滑差、惯性力、渗透材质的雷诺方程并结合能量方程、热传递方程,讨论液体粘性离合器温度随时间变化的分布,得到了温度对转矩及结合时间有着重要的影响. 这对高速运转的液体粘性离合器尤其重要. 摩擦副表面很高的温度,会引起润滑剂分化,材料变形. 在啮合过程中,摩擦盘温度分布其沿经向、周向均不相同,而当结合近结束时,摩擦盘温度分布的轮廓其沿经向有梯度,周向基本相同[18-20].

瑞典 Lulea 大学 M. Holgerson 则论述了在液体粘性离合器的啮合过程中,合理地控制摩擦副的法向力以及启动转矩使液体粘性离合器工作稳定、温升下降. 液体粘性离合器啮合过程可以通过空载和低的推力来优化,与常规比较,采用了优化控制可以使温度下降37%,最大转矩下降 41%,能耗下降 22%[21-23].

液体粘性离合器主要工作状态是啮合和分离两种状态,两种状态之间的过渡时间通常很短. 而液体粘性调速离合器除了具有啮合和分离状态外,还具有十分重要的特性,即调速与传递转矩. 在液体粘性调速传动中,利用电液控制的方法,通过改变摩擦片之间的油膜厚度(间隙),能够对输出轴的速度和所传递的扭矩进行控制,从而实现对输出轴的无级调速与稳态工作.

起初的液体粘性调速离合器工作机理及其工作特性研究,主要是基于润滑力学分析. 随着摩擦学、润滑理论、材料学科的发展及计算、实验手段的提高,其工作机理的研究正在向摩擦副材料、热效应、弹性流体润滑、几何形貌、摩擦盘沟槽、表面粗糙度、负荷特性等方面拓展.

在液体粘性调速离合器中,摩擦副材料的研究是一个重要的方面. 作为调速用的摩擦副,其要求在较大的滑动速度下,能够提供高效、稳定的摩擦系数. 摩擦材料的寿命影响摩擦系数,摩擦系数的降低会导致传动轴的振动. 为了在边界润滑状态获得较好的调速稳定性,要求摩擦材料的动静摩擦系数相差较小. 可用于液体粘性调速离合器的摩擦材料有三种:铜基、纸基和碳基. 铜基摩擦材料又称铜基粉末冶金,它以铜为基体,在其中加入固体润滑剂(石墨、硫化物、易熔金属)和摩擦添加剂(氧化物、碳化物、硅化物、石棉),广泛用于工程机械、车辆和船舶的各种离合器中. 铜基摩擦材料的动摩擦系数比较小,但动静摩擦系数相差较大,前者会使液体粘性调速离合器主机的尺寸加大,后者使滑差状态下的最高转速比减小,影响调速性能. 纸基摩擦材料和碳基摩擦材料是两种新型的摩擦材料,动摩擦系数较高,且动静摩擦系数相差较小,对于液体粘性调速离合器来说是比较好的摩擦材料. 进一步研究表明,影响摩擦副材料的摩擦系数的因数有:材料结构的渗透性、材料的弹性模量以及材料的变形. 材料结构的渗透性高,摩擦系数相对较高,碳化可以提高材料摩擦系数的稳定性;摩擦材料弹性模量小,则摩擦系数较大;磁滞大,则摩擦系数就大;材料的变形也是控制摩擦系数的一个关键因数[2].

从国内外发表的文章与研究成果来看,他们的工作集中在液体粘性离合器上面,研究其啮合特性.尽管在摩擦副研究过程中考虑了各种因素对其工作特性的影响,如:摩擦副材料、热效应、几何形貌、摩擦盘沟槽、表面粗糙度,但是他们的基本方程均建立在牛顿流体动压润滑的基础上.

为了使液体粘性调速离合器在一个期望的速度下稳态工作,除摩擦副特性外,控制也是至关重要的一个方面.控制可以分为:调速控制与稳态工作控制两部分.调速控制旨在从不同的初始状态将输出转速调到所期望的速度;而稳态工作控制则要求在扰动条件下,系统能有一个稳定的输出转速.这些均需要摩擦副工作机理、控制机理的分析与研究,需要对系统特性有比较清晰的了解,从而提高控制的效果.显然摩擦副的工作机理研究显得特别重要,只有解析了摩擦副的工作机理,并在此基础上,利用控制理论建立控制的分析模型,构造控制律,才能满足所需工况的要求.从文献资料来看,以往的动态系统分析与控制器研究往往独立于粘性调速离合器的工作机理研究,控制系统分析也是建立在线性系统的基础上,控制器的设计还属于模拟控制的范畴里面.

从目前国内的资料来看,虽然我国起步于80年代,由于缺乏必要的技术支持、相应的理论准备,使我国的液体粘性调速离合器设计研制还停留在仿制阶段.企业在研制液体粘性调速离合器时仅是根据进口产品由机械工程师测绘,完成图纸加工生产,根据机械工程师的要求,由电气工程师负责对控制部分的研制.这样机械部分与电液控制分离,没有从系统的角度综合考虑,无法充分利用机电控制的优势互补,很难提高设备的综合性能.学者们的研究往往停留在动力润滑基础上,近10余年来,此类文章很少,而涉及液体粘性调速离合器的控制分析则更少.考察近10余年的研究文献来看,国内的相关文章仅是国外相关文献资料的1/10,从中也可以看出我国在这方面的差距.

应该注意到粘性调速离合器的工作性能与工作介质、工况以及负载等因素有关.粘性调速离合器需要有无级调速的功能,并能在某

个期望速度下保持稳态工作. 此时,需要分析在期望速度下粘性流体
特性、摩擦副几何形貌、表面变形、表面粗糙度、热效应、外负荷等因
数对摩擦副工作的影响,解析摩擦副工作机理,而这方面的详细研究
工作至今尚未完善. 另外,粘性调速离合器的工作特性实际上是属于
非线性,目前对其系统的研究分析还处在近似阶段的定性分析上. 随
着非线性控制、智能控制技术、数字控制技术的飞速发展,如何采用
当今的先进技术,更新液体粘性调速离合器的控制分析与数字控制
器设计,提高该产品质量,将成为该产品研发的主流方向,而在这些
方面的工作,至今尚未看到较系统的研究论文.

1.4　粘性调速离合器研究内容

　　综上所述,液体粘性调速离合器的工作特性与其工作介质、摩擦
副的材料、调速以及稳态控制和外负荷的工作特性有关. 因此,本研
究将涉及两个主要方面:粘性调速离合器的工作机理解析,以及在期
望速度下稳定工作机理及控制的分析. 具体工作将从液体粘性调速
离合器在期望速度下稳定工作机理的分析和研究切入;建立分析模
型,采用流体润滑力学、摩擦学的基本理论结合粘性调速离合器的特
点进行定量计算分析;在此基础上建立系统的调速控制模型,应用控
制理论进行分析研究,探索实现模糊控制的可行性. 尝试建立一个可
实施的研究方法,并进行应用性研究,为该产品的设计应用提供理论
分析依据. 具体的研究内容包括:

　　(1) 考虑非牛顿流体效应,应用流体润滑力学、摩擦学基础理论,
以及近代成果,构造具有表面沟槽及粗糙度的等间隙圆盘摩擦副分
析模型;

　　(2) 建立描述该模型特性的基本方程组,进行数值计算分析. 考
察输入转速、推进压力、输出转速及输出转矩的相互关系及影响因
素,考察液体粘性调速离合器在流体润滑、混合润滑、边界润滑直至
直接接触各阶段的调速特性;

（3）考虑热效应以及惯性效应对稳态工作的影响；

（4）结合粘性调速离合器的运行特性，建立调速控制模型，讨论系统的动态稳定条件；

（5）探索模糊控制技术应用的可行性，构造适用于粘性调速离合器的模糊集与控制规则；

（6）研制数字控制器，并完成数字控制器的调试.

1.5　粘性调速离合器研究方法

摩擦副工作机理研究在于采用最新的润滑理论、摩擦学原理研究成果，构造跨越不同工况特性的适用于设计计算的物理模型，并能顾及非牛顿流体、表面形状、表面粗糙度、沟槽、热效应等影响因素[24-29].

近年来，采用诸如 α-稀烃型、聚酯型、高聚酯型、多元醇复合羧酸脂型以及二烷基苯型等合成油作润滑介质日益增多，而这类合成油的流变特性明显地不同于牛顿粘性流体，润滑油中含有少量气体（如空气、气泡）或某些掺杂物质时，润滑油的流变行为也将偏离于牛顿流体. 粘性调速离合器的工作介质也近似非牛顿流体的幂律流体[30]. 幂律流体是非牛顿流体中最常用的，有相对成熟的理论及在润滑领域内应用的经验[31-43].

在分析模型中若要考虑表面粗糙度的问题便进入了混合润滑状态，其将涉及两个问题：一是考虑粗糙度后的润滑状态，另一个是粗糙表面的接触问题. 对于混合润滑中的润滑状态，通常有两种处理的办法，一是先将随机过程当作可确定的函数处理，得到解后再对解求总体平均；另一种方法是先将问题用平均方程表述，然后求平均方程的解. 已有不少学者对其进行了理论与实验研究，形成了相对成熟的解决方案. 对于粗糙表面接触是接触力学的主要研究课题，鉴于粗糙表面的接触机理比较复杂，往往采用构建接触模型来进行研究，目前常用的成熟模型有 GW 与 GT 等模型[44-59].

在分析模型中考虑热效应时会涉及到润滑膜的能量方程,摩擦副的传热计算,这些方程的求解相当复杂,需要进行一定的简化. 在摩擦副的热效应与其温度场计算方面,不少学者已公开发表了他们的研究方法与结果[60-64]. 考虑到润滑膜厚度与其他两个方向比较其值很小,因此可以将沿膜厚方向上的温度视为不变,使能量方程成为类似雷诺方程的两维方程[28]. 惯性分析通常从流体的动量方程入手,由于惯性作用都会影响各个速度分量的大小,导致计算复杂化,Oscar Pinkus 曾对此做过分析,并给出了简化依据. 这些对如何根据粘性调速离合器的实际工作特性考虑其惯性项的简化提供了基础[65].

就粘性调速离合器的调速过程而言,涉及到不同的润滑区域,因此给控制带来较大的困难,在润滑区或混合润滑区调速特性与直接接触不同,离合器的调速处于非线性状态,很难用数理方程进行描述. 以往人们只能用近似的传统控制理论作线性转化,定性的讨论控制特性. 本文将尝试用模糊控制技术来考虑调速的控制. 其基本思路是根据粘性调速离合器的工作特性,建立控制模型,讨论调速及稳定工作的条件,采用模糊控制技术,探索控制方法,实现粘性调速离合器的个性化调速. 模糊控制技术应用涉及模糊控制技术的基础理论、模糊控制的应用、模糊控制实现三个方面[66,77].

模糊控制理论是以模糊理论为基础,其研究始于 20 世纪 60 年代,随着不断的研究、应用、拓展而日趋成熟. 模糊控制理论研究主要覆盖模糊集合、隶属度函数、模糊集合的运算、语言变量和数字变量、模糊器与解模糊器、模糊规则库与推理、模糊控制器设计与稳定性分析等[78-83].

模糊控制应用是模糊技术的应用,主要讨论针对实际问题如何依据模糊控制的理论构造分析控制模型实现控制,其涉及如何根据实际情况构造隶属度函数(隶属度函数修型),设定控制论域,构建模糊规则库,提高控制性能以及将模糊控制推向自适应与智能化控制[84-95].

模糊控制的实现是考虑采用什么硬件去实现模糊控制. 模糊控

制硬件的发展较快,最早从 70 年代末开始研制模糊控制器,到 90 年代初模糊技术已得到迅速地发展并广泛应用.日本从 1990 年起,在实际应用中大规模地采用了模糊技术,推出了模糊芯片,日本欧姆龙公司生产的 FP7000 芯片,该公司称其是目前世界上运算速度最快的模糊芯片,并相继推出了应用模糊技术的家用电器产品,如压力烤炉、微波炉、电饭锅、吸尘器以及保持恒温的淋浴器.德国西门子公司和通讯电器公司联合研制了模糊 Fuzzy166 芯片,这种芯片具有三个模糊命令句,这些命令又能被参数化,因此,能得到大量的不同模糊命令.最近德国研制了用模糊逻辑操纵无人驾驶模型汽车.随着模糊控制应用范围的不断发展,专家们认为它有可能成为 21 世纪科学发展的一项基础技术.

由于模糊控制本身还存在着两大问题:模糊控制完整地表达智能难度很大,即用模糊推理表达复杂控制智能难度很大,故采用单一模糊推理的模糊控制存在着控制不完整、有静态误差和调整复杂等缺点,需要补充其他算法才能用于工业控制;模糊控制成本高,为了尽量降低成本,目前最合理的方法是采用软件加单片机的方案.但是它带来的问题就是控制量、控制规则等受单片机的性能限制.

根据粘性调速离合器的特性,采用电液比例控制阀作为控制执行元件,控制对象是粘性调速离合器的输出转速.数字模糊控制器由单片机与门阵列可编程逻辑器作为控制器的核心.数字模糊控制器、速度检测反馈、电液比例控制阀构成了一个闭环的控制系统.设定一个输出的转速,由速度检测器检测粘性调速离合器的输出转速并与设定值比较,用比较的结果作为模糊控制器的输入,经模糊规则的推理运算得到一个控制器的输出值,用以控制电液比例阀的压力,从而改变摩擦副的间距达到改变粘性调速离合器的输出转速[96-105]

1.6　粘性调速离合器研究的特点

从研究的内容来看,本研究的创新点在于:粘性调速离合器工作机理研究与调速控制的融入结合，因为控制是要依赖于工作机理特性；采用最新的流体润滑力学和摩擦学原理的成果，构造摩擦副工作机理的分析模型，该模型同时考虑了非牛顿流体、表面几何形状、表面粗糙度、热效应、惯性效应以及负荷因素；系统建立了模型描述的数学方程组；完成了定量计算，并分析揭示了粘性调速离合器中输入转速、油缸推进压力、输出转速、输出转矩的相互关系. 在此基础上，探讨了调速控制模型的构造与仿真；尝试采用模糊控制技术实现系统的调速与控制分析及仿真；研制了数字式控制器.

作为节能产品的液体粘性调速离合器，无论作为设备系统的一个部件还是作为一个装置，均是当前工业应用之需. 课题研究的目的在于为该产品的设计、制造、控制以及综合利用提供理论依据和解决方案. 无论是机理研究还是控制技术的应用研究都将基于最新最成熟的相关学科的成果来展开，目前尚未见到国内外在这些方面工作的详细资料与信息，因此本课题研究具有先进性与适用性.

第二章 基本方程

本章将详细地论述适应粘性调速离合器中摩擦副工作机理研究模型的构建以及所涉及基本方程组的推导,它们是由描述流体运动的动力学方程、摩擦副之间的流体能量方程与固体传热方程、摩擦副沟槽以及反映摩擦副表面粗糙度的表述方程、摩擦副表面微凸体接触的压力方程组成. 该模型与方程组的构建为计算与分析奠定了坚实的理论基础.

2.1 摩擦副的雷诺方程

2.1.1 摩擦副的模型

在粘性调速离合器中,输出转矩的传递是由摩擦副来实现的. 对于粘性离合器来说,摩擦副的工作特性在于啮合过程,即:油膜挤压和滑差的减少过程. 对于粘性调速离合器而言,则是强调调速范围内,在某传动比下的稳态工作特性. 因此,我们可以认为摩擦副工作在定常条件下. 图 2.1 给出了粘性调速离合器中摩擦副的分析模型.

根据粘性调速器的特性,我们假设:

(1) 摩擦副是钢质基片,表面附有粘结或烧结的纸基或铜基材料;

(2) 摩擦副表面具有各项同性的服从高斯统计分布的表面粗糙度;

(3) 摩擦副表面可以有不同形状的沟槽;

(4) 润滑油具有不可压缩,且剪切变稀的特性,即,幂率流体非牛顿流体;

(5) 润滑油粘度沿膜厚方向不变;

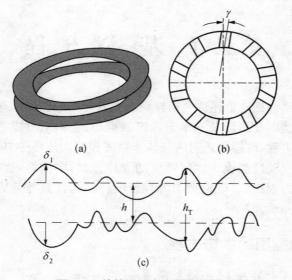

图 2.1 粘性调速离合器分析模型

（6）在调速范围内，在某一传动比工作时属于定常工作；

（7）考虑摩擦副间的润滑油具有惯性效应.

2.1.2 摩擦副的雷诺方程

根据摩擦副的分析模型，我们来推导与其相适应的雷诺方程，本节主要考虑具有惯性项下的雷诺方程. 根据模型的特点拟采用柱坐标来进行分析，柱坐标的参数[28]表达式为：

$$
\begin{aligned}
& x_1 = \theta; \; x_2 = z; \; x_3 = r \\
& H_1 = r; \; H_2 = 1; \; H_3 = 1 \quad\quad (2-1) \\
& v_1 = v_\theta; \; v_2 = v_z; \; v_3 = v_r
\end{aligned}
$$

代入如下方程简化并考虑了惯性项的纳斯-斯托克斯方程，简称 N-S 方程与连续方程[28,64]为：

$$\frac{\partial p}{r\partial \theta} = \frac{\partial}{\partial z}\left(\eta \frac{\partial v_\theta}{\partial z}\right)$$

$$\frac{\partial p}{\partial z} = 0 \qquad (2-2)$$

$$\frac{\partial p}{\partial r} = \frac{\partial}{\partial z}\left(\eta \frac{\partial v_r}{\partial z}\right) + \rho r \omega^2$$

$$\left[\frac{\partial}{\partial \theta}(\rho v_\theta) + \frac{\partial}{\partial z}(\rho v_z) + \frac{\partial}{\partial r}(\rho v_r)\right] = 0 \qquad (2-3)$$

其中：$v_\theta = r\omega$. 由于膜厚很小，我们可以假设 ω 沿膜厚 z 方向是呈线性分布的. 根据摩擦副的边界条件

$$z = 0; \ v_{\theta,1} = r\omega_2; \ v_{r,1} = 0; \ v_{z,1} = 0$$
$$z = h; \ v_{\theta,2} = r\omega_1; \ v_{r,2} = 0; \ v_{z,2} = 0 \qquad (2-4)$$

式(2-2)中的 ω 为

$$\omega = \omega_2 + (\omega_1 - \omega_2)\frac{z}{h} \qquad (2-5)$$

对式(2-2)积分有

$$v_\theta = \frac{1}{2r\eta}\frac{\partial p}{\partial \theta}(z^2 - hz) + \frac{r(\omega_1 - \omega_2)}{h}z + r\omega_2$$

$$v_r = \frac{1}{2\eta}\frac{\partial p}{\partial r}(z^2 - hz) + \frac{\rho r}{\eta}\left[\frac{(\omega_1 - \omega_2)^2}{12h^2}(h^3 z - z^4) + \quad (2-6)\right.$$

$$\left.\frac{\omega_2(\omega_1 - \omega_2)}{3h}(h^2 z - z^3) + \frac{\omega_2^2}{2}(hz - z^2)\right]$$

将式(2-5)代入连续方程(2-3)，并从 $0\sim h$ 积分后获得考虑惯性项后的雷诺方程

$$\frac{\partial}{\partial\theta}\left[\frac{h^3}{12r\eta}\frac{\partial p}{\partial\theta}\right]+\frac{\partial}{\partial r}\left[\frac{rh^3}{12\eta}\frac{\partial p}{\partial r}\right]$$

$$=-\left[\frac{r(\omega_1-\omega_2)}{2}\right]\frac{\partial h}{\partial\theta}+\rho\frac{\partial}{\partial r}\left[\frac{r^2h^3}{120\eta}(3\omega_1^2+4\omega_1\omega_2+3\omega_2^2)\right] \quad (2-7)$$

上述方程等式左边是流体压力梯度导致的流速效应,等式右边第一项是表面速度对流速的影响,后一项表示由于剪切引起的惯性项对流速效应.

应该指出在推导过程中,作了 ω 沿膜厚 z 方向是呈线性分布的简化,忽略了摩擦域内压力梯度的影响. 可以证明这样的忽略是可行的,因为与剪切引起的惯性项相比,压力梯度引起的惯性项要小的多可以忽略[64].

2.1.3 非牛顿流体的雷诺方程

经典的牛顿流体力学认为,在简单剪切流动中,即平行平板间的流动中,剪切应力与剪切速率成正比,其比例系数称为粘度系数 η. 对于牛顿流体,粘度 η 在一定压力条件下,可能是温度的函数. 在推导 N-S 方程中,是将流体的粘度看成不随剪切速率变化的. 简单的一维牛顿流体本构方程可以写为

$$\tau=\eta\frac{\mathrm{d}v}{\mathrm{d}z}$$

写成张量形式为 $\boldsymbol{T}=2\eta\boldsymbol{D}$,其中 $\boldsymbol{T}$ 为应力张量, $\boldsymbol{D}$ 为应变速度张量. 若要考虑非牛顿流体时,则粘度是随剪切应变率变化的,对于幂律流体而言,其粘度函数为[32]

$$\eta=m\left|\left(\frac{1}{2}\mathrm{tr}\,\boldsymbol{A}_1^2\right)^{1/2}\right|^{n-1} \quad (2-8)$$

其中: $\boldsymbol{A}_1$ 为一阶 Rivlin-Ericksen 张量, $\boldsymbol{A}_1=2\boldsymbol{D},\boldsymbol{D}$ 为应变率张量, m,n 为常数. 对于一般非牛顿流体来说, η 仅是应变率张量 $\boldsymbol{D}$ 的第二

不变量 I 的函数，$I = 4\mathrm{tr}(\boldsymbol{D}^2)$，对于润滑层，$I$ 可简化为

$$I = \left(\frac{\partial u}{\partial z}\right)^2 + \left(\frac{\partial v}{\partial z}\right)^2 \qquad (2-9)$$

对于不可压缩非弹性流体,我们有

$$\eta = \eta(I) \qquad (2-10)$$

对于牛顿流体,压力梯度与速度变化率是线性的. 非牛顿流体,流体的应变率主要是由于流体表面相对速度作用引起的.

对于非牛顿流体的雷诺方程推导式相当复杂且精细的工作,这里笔者融合了文献[32,33]、[37]、[43]中的方法,介绍其推导的思想与过程. 为了便于分析,引入压力梯度表示的方程

$$\nabla p = \varepsilon \nabla \pi \qquad (2-11)$$

采用摄动方法把速度与 I 按 ε 展开,由于 η 仅是 I 的函数所以也可间接地按 ε 展开;将其与式(2-11)一并代入式(2-2),比较代入后式(2-2)的两边就可以获得零阶、一阶方程;代入边界条件,可以获得速度表达式;再有速度表达式代入连续方程(2-3),最后获得幂率流体的雷诺方程. 下面就是推导过程,首先是按 ε 展开

$$v_\theta = v_{\theta,0} + \varepsilon v_{\theta,1} + \cdots \qquad (2-12)$$

$$v_r = v_{r,0} + \varepsilon v_{r,1} + \cdots \qquad (2-13)$$

$$I = I_0 + \varepsilon I_1 + \cdots \qquad (2-14)$$

$$I_0 = \left(\frac{\partial v_{\theta,0}}{\partial z}\right)^2 + \left(\frac{\partial v_{r,0}}{\partial z}\right)^2 \qquad (2-15)$$

$$I_1 = 2\left(\frac{\partial v_{\theta,0}}{\partial z}\frac{\partial v_{\theta,1}}{\partial z} + \frac{\partial v_{r,0}}{\partial z}\frac{\partial v_{r,1}}{\partial z}\right) \qquad (2-16)$$

$$\eta = \eta(I_0 + \varepsilon I_1 + \cdots) = \eta(I_0) + \varepsilon \left(\frac{\partial \eta}{\partial I}\right)_{I=I_0} I_1 + \cdots \qquad (2-17)$$

$$\eta_0 = \eta(I_0) \qquad (2-18)$$

$$\eta_1 = \left(\frac{\partial \eta}{\partial I}\right)_{I=I_0} I_1 \qquad (2-19)$$

将 $(2-11) \sim (2-19)$ 代入 N – S 方程 $(2-2)$，并比较两边可以获得零阶方程：

$$0 = \eta_0 \left(\frac{\partial^2 v_{\theta, 0}}{\partial z^2}\right) \qquad (2-20)$$

$$0 = \eta_0 \left(\frac{\partial^2 v_{r, 0}}{\partial z^2}\right) \qquad (2-21)$$

一阶方程：

$$\frac{\partial \pi}{r \partial \theta} = \frac{\partial}{\partial z}\left(\eta_0 \left(\frac{\partial v_{\theta, 1}}{\partial z}\right)\right) + \frac{\partial}{\partial z}\left(\eta_1 \left(\frac{\partial (v_{\theta, 0})}{\partial z}\right)\right) \qquad (2-22)$$

$$\frac{\partial \pi}{\partial r} = \frac{\partial}{\partial z}\left(\eta_0 \left(\frac{\partial v_{r, 1}}{\partial z}\right)\right) + \frac{\partial}{\partial z}\left(\eta_1 \left(\frac{\partial (v_{r, 0})}{\partial z}\right)\right) + \rho r \omega^2 \qquad (2-23)$$

对零阶方程积分并代入边界条件：

$$z = 0;\ v_{\theta, 0, 1} = r\omega_2;\ v_{r, 0, 1} = 0;\ v_{z, 0, 1} = 0$$
$$z = h;\ v_{\theta, 0, 2} = r\omega_1;\ v_{r, 0, 2} = 0;\ v_{z, 0, 2} = 0$$

零阶的速度为：

$$v_{\theta, 0} = \frac{r(\omega_1 - \omega_2)}{h}z + r\omega_2 \qquad (2-24)$$

$$v_{r, 0} = 0 \qquad (2-25)$$

同理，根据一阶的边界条件，可以获得一阶速度

$$z = 0;\ v_{\theta, 1, 1} = 0;\ v_{r, 1, 1} = 0;\ v_{z, 1, 1} = 0$$
$$z = h;\ v_{\theta, 1, 2} = 0;\ v_{r, 1, 2} = 0;\ v_{z, 1, 2} = 0$$

$$\omega = \omega_2 + (\omega_1 - \omega_2)\frac{z}{h}$$

$$v_{\theta,1} = \frac{1}{\eta_0 r}\frac{\partial \pi}{\partial \theta}\frac{1}{1 + \dfrac{2}{\eta_0}\left(\dfrac{r(\omega_1 - \omega_2)}{h}\right)^2\left(\dfrac{\partial \eta}{\partial I}\right)_{I=I_0}}\left(\frac{z^2 - zh}{2}\right)$$

$$(2-26)$$

$$v_{r,1} = \frac{1}{2\eta_0}\frac{\partial \pi}{\partial r}(z^2 - hz) + \frac{\rho r}{\eta_0}\left[\frac{(\omega_1 - \omega_2)^2}{12h^2}(h^3 z - z^4) + \right.$$

$$\left. \frac{\omega_2(\omega_1 - \omega_2)}{3h}(h^2 z - z^3) + \frac{\omega_2^2}{2}(hz - z^2)\right] \qquad (2-27)$$

我们将上述代入(2-12)、(2-13)有

$$v_\theta = \frac{r(\omega_1 - \omega_2)}{h}z + r\omega_2 +$$

$$\frac{1}{\eta_0 r}\frac{\partial p}{\partial \theta}\frac{1}{1 + \dfrac{2}{\eta_0}\left(\dfrac{r(\omega_1 - \omega_2)}{h}\right)^2\left(\dfrac{\partial \eta}{\partial I}\right)_{I=I_0}}\left(\frac{z^2 - zh}{2}\right) \qquad (2-28)$$

$$v_r = \frac{1}{2\eta_0}\frac{\partial p}{\partial r}(z^2 - hz) + \frac{\rho r}{\eta_0}\left[\frac{(\omega_1 - \omega_2)^2}{12h^2}(h^3 z - z^4) + \right.$$

$$\left. \frac{\omega_2(\omega_1 - \omega_2)}{3h}(h^2 z - z^3) + \frac{\omega_2^2}{2}(hz - z^2)\right] \qquad (2-29)$$

对于幂律流体：

$$\eta = \kappa I^{(n-1)/2} \qquad (2-30)$$

$$\eta_0 = \kappa I_0^{(n-1)/2} = \kappa\left(\frac{r(\omega_1 - \omega_2)}{h}\right)^{n-1} \qquad (2-31)$$

$$\frac{\partial \eta}{\partial I}_{I=I_0} = \frac{\kappa(n-1)}{2}I_0^{(n-3)/2} \qquad (2-32)$$

将式(2-30)~(2-32)代入(2-28)~(2-29),我们可以获得粘度随
应变速率影响的流体速度

$$v_\theta = \frac{r(\omega_1 - \omega_2)}{h}z + r\omega_2 + \frac{1}{\eta_0 r}\frac{\partial p}{\partial \theta}\frac{1}{n}\left(\frac{z^2 - zh}{2}\right) \qquad (2-33)$$

$$v_r = \frac{1}{2\eta_0}\frac{\partial p}{\partial r}(z^2 - hz) + \frac{\rho r}{\eta_0}\left[\frac{(\omega_1 - \omega_2)^2}{12h^2}(h^3 z - z^4) + \right.$$

$$\left. \frac{\omega_2(\omega_1 - \omega_2)}{3h}(h^2 z - z^3) + \frac{\omega_2^2}{2}(hz - z^2)\right] \qquad (2-34)$$

将上两式代入连续方程(2-3)并从 0~h 积分,可以获得非牛顿流
体-幂律流体的雷诺方程

$$\frac{\partial}{\partial \theta}\left(\frac{h^{n+2}}{12r^n n\kappa(\omega_1 - \omega_2)^{n-1}}\frac{\partial p}{\partial \theta}\right) + \frac{\partial}{\partial r}\left(\frac{r^{2-n}h^{n+2}}{12\kappa(\omega_1 - \omega_2)^{n-1}}\frac{\partial p}{\partial r}\right)$$

$$= -\frac{r(\omega_1 - \omega_2)}{2}\frac{\partial h}{\partial \theta} + \rho\frac{\partial}{\partial r}\left(\frac{r^{3-n}h^{n+2}}{120\kappa(\omega_1 - \omega_2)^{n-1}}(3\omega_1^2 + 4\omega_1\omega_2 + 3\omega_2^2)\right)$$

$$(2-35)$$

当为牛顿流体时,$n = 1$,$\kappa = \eta$,我们有:

$$\frac{\partial}{\partial \theta}\left(\frac{h^3}{12r\eta}\frac{\partial p}{\partial \theta}\right) + \frac{\partial}{\partial r}\left(\frac{rh^3}{12\eta}\frac{\partial p}{\partial r}\right)$$

$$= -\frac{r(\omega_1 - \omega_2)}{2}\frac{\partial h}{\partial \theta} + \rho\frac{\partial}{\partial r}\left(\frac{r^2 h^3}{120\eta}(3\omega_1^2 + 4\omega_1\omega_2 + 3\omega_2^2)\right)$$

2.1.4 表面粗糙度的雷诺方程

由于摩擦副表面并不是绝对光滑的,它的表面存在着不平度. 不
平度的几何特征是由摩擦副表面的制造和处理方法以及固体材料的
性质决定的. 习惯上不平度被分为粗糙度、波度、纹向和瑕疵四类. 粗
糙度,指表面波长短小的起伏. 波度,指表面上波长较大的起伏. 纹

向,指表面的制造或处理方法所造成的且在表面上某些方向特别显著的纹路.瑕疵,指表面制造过程中由于机械的振动或人为的操作失误所造成的表面缺陷.应该指出近年来对表面不平度的描述已从这些简单分类发展到较细致的方面,如表面微凸体的几何特征及两固体表面的真实接触.利用表面计量手段与计算机技术结合起来可以获得表面实况的仿真再现,用"表面形貌"一词来概括表面不平度的各个方面[27].本文将假设摩擦副粗糙表面各项同性且不计瑕疵的影响,主要考虑表面粗糙度对摩擦副的影响.

实际上大多数的工程表面具有随机结构,其截面的轮廓可以用一个平稳随机过程来表征.由于表面的随机性质,摩擦副间的油膜厚度是一个随机函数方程.因此若要考虑表面粗糙度影响,其解决方案会涉及到随机微分方程或随机边界条件,对于此类问题通常只求它的平均解,其解法有两种:一是先将随机过程当作可确定的函数处理,得到解后再对解求总体平均;另一种方法是先将问题用平均方程表述,然后求平均方程的解.前一方法只在能够求解析解的情况下才可行,后一种方法比较灵活,而且便于用数值法求解,但关键是采用什么方法获得平均方程的问题.有了平均方程,那么就可以求解平均方程[27].为了建立平均油膜压力和平均膜厚之间的关系,目前较成功的方法有两种,一种是 H. Christensen 随机模型,另一种方法是 N. Patir 和 H. S. Cheng 的平均流量模型.

H. Christensen 提出了适用于二维粗糙表面的随机模型,方法是将雷诺方程两边取统计平均获得平均雷诺方程,对于平均雷诺方程的压力梯度项,由于油膜厚度与压力梯度都是随机函数,它们之间的统计关系是未知的,因此无法对其乘积的均值进行分解.对此 H. Christensen 作了两点假设:平行于粗糙峰方向,压力梯度的方差为零或非常小;垂直于粗糙峰方向,流量的方差为零或非常小.数学上认为那些随机变量是相互独立的,所以平均 Reynolds 方程只描述了短波长二维粗糙度的润滑效应.虽然 Christensen 两项假设的合理性并没有在数学或实验上获得严格的证明,但为大多数研究者所接受[26]. 近年来也有不少学者对其进行了拓展, 应用到各向同性的粗糙表面[34, 35].

N. Patir 和 H. S. Cheng 提出的平均流量模型, 描述了三维粗糙面的润滑效应. 图 2.2 是一个三维粗糙表面的示意图. 它不是由平行条形粗糙峰所构成, 因此不可能由一个单一的截面来反映整个表面的特征. Natir Patir 和 H. S. Cheng 定义了平均流量方程, 并将其代入流量连续方程, 这样就构造出一个平均雷诺方程, 求解平均雷诺方程, 获得平均的压力解. 本文将采用该方法来推导考虑表面粗糙度的平均雷诺方程, 从而分析粘性调速离合器的摩擦副工作特性. Natir Patir 和 H. S. Cheng 定义了平均流量方程平均流量方程定义为[44, 45]:

$$\bar{q}_\theta = -\phi_\theta \frac{h^3}{12r\eta} \frac{\partial \bar{p}}{\partial \theta} + \frac{r(\omega_1 + \omega_2)}{2} \bar{h}_T + \frac{r(\omega_1 - \omega_2)}{2} \sigma \phi_s$$

$$(2-36)$$

$$\bar{q}_r = -\phi_r \left[\frac{h^3}{12\eta} \frac{\partial \bar{p}}{\partial r} \right]$$

$$(2-37)$$

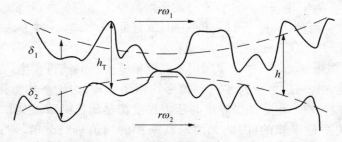

图 2.2 摩擦副表面粗糙模型

其中 $\bar{p}$ 假设为平均压力, $\bar{h}_T$ 为平均间隙. 根据方程式 (2-36), 平均流量 $\bar{q}_\theta$ 由三部分构成, 第一项是由于 θ 方向的平均压力梯度引起的平均流量, ϕ_θ 是修正因子 (同样几何条件下粗糙表面与光滑表面的平均流量比较系数); 第二项是由于裹挟速度 $r(\omega_1 + \omega_2)/2$ 在 θ 方向传输的流量;第三项是另一种由于在粗糙表面滑动速度而引起的传输流量. 若是光滑表面第三项为 0,由于粗糙表面以及相对滑动就需要加上此项. 它反映了粗糙表面相对于一个静止的光滑表面运动,在此过程中,粗糙表面峰谷间的流体随粗糙表面的运动对两表面间流体传输的贡献. 若是光滑表面相对静止的粗糙表面运动时,此时 ϕ_s 为负值. 如果两个表面具有相同的表面粗糙度则 $\phi_s = 0$,它们的作用相互抵消. 根据方程式(2 - 37), ϕ_r 是修正因子,其性质与 ϕ_θ 类似.

考虑表面粗糙度的影响,引用式(2 - 36)、(3 - 37)的平均流量概念,我们有:

$$\overline{q}_\theta = \phi_\theta \frac{-h^{n+2}}{12r^n \kappa n (\omega_1 - \omega_2)^{n-1}} \frac{\partial \overline{p}}{\partial \theta} + \frac{r(\omega_1 + \omega_2)}{2} \overline{h}_T + \frac{r(\omega_2 - \omega_1)}{2} \sigma \phi_s$$

(2 - 38)

$$\overline{q}_r = \phi_r \left(\frac{-h^{n+2}}{12\kappa r^{n-1} (\omega_1 - \omega_2)^{n-1}} \frac{\partial p}{\partial r} + \frac{\rho r^{2-n} h^{n+2}}{\kappa (\omega_1 - \omega_2)^{n-1}} \cdot \right.$$

$$\left. \left[\frac{(\omega_1 - \omega_2)^2}{40} + \frac{\omega_2 (\omega_1 - \omega_2)}{12} + \frac{\omega_2^2}{12} \right] \right)$$

(2 - 39)

将上述方程代入积分后的连续方程

$$- \frac{\partial \overline{q}_\theta}{\partial \theta} - \frac{\partial (r \overline{q}_r)}{\partial r} = r \frac{\partial \overline{h}_T}{\partial t}$$

(2 - 40)

其中: $\dfrac{\partial \overline{h}_T}{\partial t} = v_{z,2} - v_{z,1} - v_{\theta,2} \dfrac{\partial \overline{h}_T}{r\partial \theta} - v_{r,2} \dfrac{\partial \overline{h}_T}{\partial r} = -\omega_1 \dfrac{\partial \overline{h}_T}{\partial \theta}$

将式(2 - 38)～(2 - 39)代入(2 - 40),并假设:两摩擦副表面具有相同分布的表面粗糙度;且各项同性;粗糙度服从高斯分布;采用压力因子[46, 47];简化后获得考虑摩擦副表面粗糙效应的幂率流体雷

诺方程

$$\frac{\partial}{\partial \theta}\Big(\phi_\theta \frac{r^{-n}h^{n+2}}{n\kappa}\frac{\partial \overline{p}}{\partial \theta}\Big)+\frac{\partial}{\partial r}\Big(\phi_r \frac{r^{2-n}h^{n+2}}{\kappa}\frac{\partial \overline{p}}{\partial r}\Big)$$

$$=-6r(\omega_1-\omega_2)^n\Big(\phi_c\frac{\partial h}{\partial \theta}\Big)+\frac{\rho(3\omega_1^2+4\omega_1\omega_2+3\omega_2^2)}{10}\frac{\partial}{\partial r}\Big(\phi_r\frac{r^{3-n}h^{n+2}}{\kappa}\Big)$$

$$(2-41)$$

其中：

$$\phi_\theta=\phi_r=1-0.9\mathrm{e}^{\frac{0.56h}{\sigma}}\quad h/\sigma>0.5 \qquad (2-42)$$

$$\phi_c=\exp(-0.691\,2+0.782(h/\sigma)-0.304(h/\sigma)^2+$$

$$0.040\,1(h/\sigma)^3)\quad h/\sigma\leqslant 3$$

$$(2-43)$$

2.1.5　表面粗糙度的膜厚公式

摩擦副间的膜厚公式是上述诸雷诺方程中所包含的一个重要参数. 笔者讨论的摩擦副表面开有沟槽,其沟槽形状可以是三角形沟底;圆弧形沟底;梯形沟底. 图 2.3 是它们的形状,考虑表面粗糙度的膜厚公式为

$$h_\mathrm{T}=h+\delta_1+\delta_2=h+\delta \qquad (2-44)$$

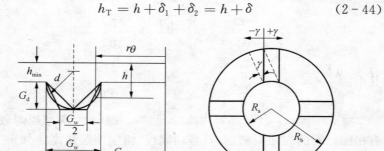

图 2.3　摩擦副表面沟槽

其中：h 为名义膜厚，跟摩擦副表面沟槽有关[48]；d 为两个合成粗糙度的高度，可以大于零，也可以小于零；h_T 是实际膜厚. 如果是全膜状态，$h_T > 0$，如果在微峰干涉处，$h_T = 0$. 因此 $h_T \geqslant 0$ 的. $\overline{h}_T$ 为平均的油膜厚度，它是 h_T 的数学期望：

$$\overline{h}_T = E(h_T) = \int_{-h}^{\infty} (h + \delta) f(\delta)\,\mathrm{d}\delta \qquad (2-45)$$

对于高斯分布有

$$\overline{h}_T = \frac{1}{\sigma\sqrt{2\pi}} \int_{-h}^{\infty} (h+\delta)\mathrm{e}^{-\frac{\delta^2}{2\sigma^2}}\,\mathrm{d}\delta = \frac{h}{2}\left[1 + \mathrm{erf}\left[\frac{h}{\sqrt{2}\sigma}\right]\right] + \frac{\sigma}{\sqrt{2\pi}}\mathrm{e}^{-\frac{h^2}{2\sigma^2}}$$

$$(2-46)$$

笔者根据几何关系给出了不同沟槽的膜厚表达式，圆弧形沟槽的膜厚表达式为

$$h = \sqrt{d^2 - D^2} - d + G_d + h_{min} \quad |D| \leqslant \frac{G_w}{2} \qquad (2-47)$$

$$h = h_{min} \quad |D| \geqslant \frac{G_w}{2} \qquad (2-48)$$

对于梯形沟槽的膜厚表达式为

$$h = 2G_d\left(1 - \frac{2D}{G_w}\right) + h_{min} \qquad \frac{G_w}{4} \leqslant |D| \leqslant \frac{G_w}{2} \qquad (2-49)$$

$$h = h_{min} \qquad |D| \geqslant \frac{G_w}{2} \qquad (2-50)$$

$$h = G_d + h_{min} \qquad |D| \leqslant \frac{G_w}{4} \qquad (2-51)$$

三角形沟槽的膜厚表达式为

$$h = G_{\mathrm{d}}\left(1 - \frac{2D}{G_{\mathrm{w}}}\right) + h_{\min} \qquad |D| \leqslant \frac{G_{\mathrm{w}}}{2} \qquad (2-52)$$

$$h = h_{\min} \qquad |D| \geqslant \frac{G_{\mathrm{w}}}{2} \qquad (2-53)$$

其中:

$$D = r\theta - \frac{\pi r}{N_G} + r\left(\arctan\left(\left(1 - \frac{R_{\mathrm{a}}}{r}\right)\tan\gamma\right)\right) \qquad (2-54)$$

γ 是沟槽的倾角;R_{a} 为摩擦副的内圈半径;G_{w} 是沟槽宽度;G_{d} 是沟槽深度;$h_{\min}$ 是摩擦副的间隙.

2.2 摩擦副传递的转矩

摩擦副的传递转矩应该由两部分组成,一部分是摩擦副之间的流体作用效应,另一部分是由于摩擦副之间粗糙表面微凸体的接触效应.

2.2.1 流体传递的转矩

摩擦副间流体传递的转矩是靠流体的粘性来传递的,因此首先建立流体的剪应力表达式,然后再对摩擦副的接合面积分,获得传递转矩的计算表达式.沿周向的幂率流体的剪应力表达式

$$\tau = \eta \frac{\partial v_\theta}{\partial z} \qquad (2-55)$$

对于幂律流体 $\eta = \kappa I^{(n-1)/2}$ 则

$$\tau = \kappa I^{(n-1)/2} \frac{\partial v_\theta}{\partial z} = \kappa\left(\frac{\partial v_\theta}{\partial z}\right)^n \qquad (2-56)$$

根据式(2-33),考虑摩擦副传递的转矩是通过被动摩擦盘输出的,所

以我们仅考虑 $z = 0$ 时的剪应力

$$\tau_0 = \kappa\left(\frac{r(\omega_1 - \omega_2)}{h}\right)^n - \left(\frac{h}{2}\right)\frac{\partial p}{r\partial\theta} \qquad (2-57)$$

根据 Natir Patir 和 H. S. Cheng 的平均流量模型,我们可以获得被动摩擦副表面的平均剪应力计算公式

$$\overline{\tau}_0 = \kappa\left(\frac{r(\omega_1 - \omega_2)}{h}\right)^n(\phi_f - \phi_{fs}) - \phi_{fp}\left(\frac{h}{2}\right)\frac{\partial \overline{p}}{r\partial\theta} \qquad (2-58)$$

因为我们假设摩擦副表面粗糙度分布相同,则 ϕ_{fs} 为 0. ϕ_f 项表示由于相对的平均滑动速度引起对剪应力的贡献,ϕ_{fp} 是对平均压力流的修正系数,其数学计算式为[44, 45]

$$\phi_f = hE(1/h_T) = h\int_{-h+\frac{\sigma}{100}}^{\infty}\frac{f(\delta)}{(h+\delta)}\mathrm{d}\delta \qquad (2-59)$$

$$\phi_{fp} = 1 - 1.40e^{-\frac{0.66h}{\sigma}} \qquad h/\sigma > 0.75 \qquad (2-60)$$

摩擦副传递的平均转矩 T_h 为

$$T_h = \iint\overline{\tau}_0 r^2\mathrm{d}r\mathrm{d}\theta = \iint\left(\kappa\left(\frac{r(\omega_1 - \omega_2)}{h}\right)^n(\phi_f) - \phi_{fp}\left(\frac{h}{2}\right)\frac{\partial \overline{p}}{r\partial\theta}\right)r^2\mathrm{d}r\mathrm{d}\theta$$

$$(2-61)$$

2.2.2 微凸体接触传递的转矩

考虑摩擦副粗糙表面以后,若膜厚较小时,润滑状态进入混合状态,即混合润滑. 此时粗糙表面有随机的微凸体接触,这部分微凸体的接触将贡献于转矩的传递.

近二十年来已有不少研究人员将经典接触力学和统计学结合起来研究随机粗糙表面的微凸体接触,虽然在许多方面尚未成熟,但已获得了可喜的进展,建立了粗糙表面接触的物理模型,并在工程实际

中得到了应用. 在理想平面与粗糙平面接触时, 较成功的模型是
Greenwood-Williamson模型[49]、Whitehouse-Archard模型[50]、Nayak
模型[51]; 两个随机粗糙表面的接触, 主要有 Greenwood-Tripp 模
型[52]. 鉴于摩擦副粗糙表面的假设为两个粗糙平面的接触, 所以采用
GT 模型. 根据 GT 模型可以得到两粗糙表面接触时的有效压力, 鉴
于一般工程表面 σ 和 d 略小于 σ 和 h, 即 $d/\sigma \approx h/\sigma$[26], 我们可以获得
混合润滑时粗糙表面接触的有效压力为

$$p\left(\frac{h}{\sigma}\right) = K'E'F_{5.5}\left(\frac{h}{\sigma}\right) \qquad (2-62)$$

其中

$$\frac{1}{E'} = \frac{1}{2}\left[\frac{1-\nu_1^2}{E_1} + \frac{1-\nu_2^2}{E_2}\right]$$

$$K' = \frac{8\sqrt{2}}{15}\pi(N\beta\sigma)^2\sqrt{\frac{\sigma}{\beta}}$$

$$F_{5.5} = \int_{\frac{h}{\sigma}}^{\infty}\left(\delta - \frac{h}{\sigma}\right)^{5.5} f(\delta)\mathrm{d}\delta$$

h 是膜厚, N 是任一粗糙面上的峰点密度, σ 是综合粗糙峰高度分布
的均方差, β 是微凸峰曲率半径.

若两粗糙表面具有相同分布的粗糙度, 该粗糙度近似服从高斯
分布且各向同性, 那么平均的接触压力有

$$\overline{p_c}\left(\frac{h}{\sigma}\right) = 4.408\,6 \times 10^{-5} \times (4.0 - h/\sigma)^{6.804}E'K' \qquad \frac{h}{\sigma} \leqslant 4$$

$$(2-63)$$

$$\overline{p_c}\left(\frac{h}{\sigma}\right) = 0 \qquad \frac{h}{\sigma} \geqslant 4 \qquad (2-64)$$

有了接触压力, 再考虑摩擦系数, 就可以得到粗糙表面接触的传递转

矩了

$$T_c = \iint f \, \overline{p}_c r^2 \, \mathrm{d}\theta \mathrm{d}r \tag{2-65}$$

$$f = 0.15 - 0.011 \log\left(\frac{r_a + r_b}{2}(\omega_2 - \omega_1)\right) \tag{2-66}$$

其中 f 为摩擦系数[15].

因此一对摩擦副传递的转矩为

$$T = T_h + T_c = \iint \left(\left(\kappa\left(\frac{r(\omega_1 - \omega_2)}{h}\right)^n(\phi_f) - \phi_{fp}\left(\frac{h}{2}\right)\frac{\partial \overline{p}}{r\partial\theta}\right) + f \, \overline{p}_c\right)r^2 \mathrm{d}r \mathrm{d}\theta \tag{2-67}$$

2.3 摩擦副中油膜的平均热能量方程

在推导雷诺润滑方程的过程中是将动量守恒方程和质量守恒方程联立,并且沿润滑膜厚方向取平均而得出的一个二维偏微分方程.它的基本假设之一是压力沿膜厚方向不变.所以,雷诺润滑方程给出的解是沿润滑膜的两个延展方向的压力分布.与润滑膜内压力状况相类似,同样可以将能量守恒方程简化给出膜厚方向的平均温度沿润滑膜的两个延展方向的分布.相对于摩擦副的尺寸而言,可以认为油膜厚度很小,尤其是在混合润滑状态下,沿膜厚方向的温度可以近似于不变.

考虑定常情况,流体不可压缩,柱坐标下的能量方程为[28]

$$\rho v_\theta \frac{\partial(c_v\Theta)}{r\partial\theta} + \rho v_r \frac{\partial(c_v\Theta)}{\partial r} = \left[\frac{\partial}{r\partial\theta}\left(k\frac{\partial\Theta}{r\partial\theta}\right) + \frac{\partial}{\partial z}\left(k\frac{\partial\Theta}{\partial z}\right) + \frac{\partial}{r\partial r}\left(rk\frac{\partial\Theta}{\partial r}\right)\right] +$$

$$\eta\left\{\left[\frac{\partial}{\partial z}(v_\theta)\right]^2 + \left[\frac{\partial}{\partial z}(v_r)\right]^2\right\} \tag{2-68}$$

类似于导出雷诺润滑方程,将方程(2-68)沿润滑膜厚度上积分,考虑热的在膜厚的边界条件

$$-k_h \frac{\partial \Theta}{\partial l}\bigg|_0 = \frac{fr\Delta\omega \overline{p}_c}{2} - k_2 \frac{(\Theta - \Theta_{d2})}{\Delta d_2} \qquad (2-69)$$

$$k_h \frac{\partial \Theta}{\partial l}\bigg|_h = \frac{fr\Delta\omega \overline{p}_c}{2} + k_1 \frac{(\Theta_{d1} - \Theta)}{\Delta d_1} \qquad (2-70)$$

有

$$\rho c_v \overline{q}_\theta \frac{\partial \Theta}{r\partial\theta} + \rho c_v \overline{q}_r \frac{\partial \Theta}{\partial r} + \frac{\partial \overline{p}}{r\partial\theta}\overline{q}_\theta + \frac{\partial \overline{p}}{\partial r}\overline{q}_r$$

$$= \frac{k_h\partial}{r^2\partial\theta}\left(\overline{h}_T \frac{\partial \Theta}{\partial\theta}\right) + \frac{k_h\partial}{r\partial r}\left(r\overline{h}_T \frac{\partial \Theta}{\partial r}\right) + fr\Delta\omega \overline{p}_c + k_2 \frac{(\Theta_{d2} - \Theta)}{\Delta d_2} +$$

$$k_1 \frac{(\Theta_{d1} - \Theta)}{\Delta d_1} + r(\omega_1 - \omega_2)\kappa\left[\frac{r(\omega_1 - \omega_2)}{\overline{h}_T}\right]^n + (\omega_1 + \omega_2)\left(\frac{\overline{h}_T}{2}\right)\frac{\partial \overline{p}}{\partial\theta} -$$

$$\frac{\rho r \overline{h}_T^3}{120\eta}\frac{\partial \overline{p}}{\partial r}(3\omega_1^2 + 4\omega_2\omega_1 + 3\omega_2^2) + \frac{(\rho r)^2 \overline{h}_T^3}{\eta}\left[\frac{\omega_1^4}{112} + \frac{5\omega_1^3\omega_2}{252} + \frac{13\omega_1^2\omega_2^2}{504} + \right.$$

$$\left. \frac{5\omega_1\omega_2^3}{252} + \frac{\omega_2^4}{112}\right] \qquad (2-71)$$

与粘性项相比我们可以略去惯性项不计[28],则有

$$\rho c_v \overline{q}_\theta \frac{\partial \Theta}{r\partial\theta} + \rho c_v \overline{q}_r \frac{\partial \Theta}{\partial r} + \frac{\partial \overline{p}}{r\partial\theta}\overline{q}_\theta + \frac{\partial \overline{p}}{\partial r}\overline{q}_r$$

$$= \frac{k_h\partial}{r^2\partial\theta}\left(\overline{h}_T \frac{\partial \Theta}{\partial\theta}\right) + \frac{k_h\partial}{r\partial r}\left(r\overline{h}_T \frac{\partial \Theta}{\partial r}\right) + fr\Delta\omega \overline{p}_c + k_2 \frac{(\Theta_{d2} - \Theta)}{\Delta d_2} +$$

$$k_1 \frac{(\Theta_{d1} - \Theta)}{\Delta d_1} + r(\omega_1 - \omega_2)\kappa\left[\frac{r(\omega_1 - \omega_2)}{\overline{h}_T}\right]^n + (\omega_1 + \omega_2)\left(\frac{\overline{h}_T}{2}\right)\frac{\partial \overline{p}}{\partial\theta}$$

$$(2-72)$$

其中 k_1、k_2 为主、被动摩擦副的热传导系数；k_h 为流体的热传导系数；Δd_1、Δd_2 分别为主、被动摩擦副的厚度方向的步长.

2.4 摩擦副的热传导方程

对于性能恒定的均质固体内任何一点的热传导通式其微分形式为[64]

$$\frac{\partial \Theta}{\partial t} = \frac{K}{\rho c_p}\left[\frac{\partial^2 \Theta}{\partial r^2} + \frac{1}{r}\frac{\partial \Theta}{\partial r} + \frac{1}{r^2}\frac{\partial^2 \Theta}{\partial \theta^2} + \frac{\partial^2 \Theta}{\partial z^2}\right] + \frac{q}{\rho c_p}$$

若是稳态、又无热源，则上式可以写为

$$\omega\frac{\partial \Theta}{\partial \theta} = \alpha\left[\frac{\partial^2 \Theta}{\partial r^2} + \frac{1}{r}\frac{\partial \Theta}{\partial r} + \frac{1}{r^2}\frac{\partial^2 \Theta}{\partial \theta^2} + \frac{\partial^2 \Theta}{\partial z^2}\right]$$

所以主、被动摩擦副的热传导微分方程为

$$\omega_{1,2}\frac{\partial \Theta_{1,2}}{\partial \theta} = \alpha\left[\frac{\partial^2 \Theta_{1,2}}{\partial r^2} + \frac{1}{r}\frac{\partial \Theta_{1,2}}{\partial r} + \frac{1}{r^2}\frac{\partial^2 \Theta_{1,2}}{\partial \theta^2} + \frac{\partial^2 \Theta_{1,2}}{\partial z^2}\right]$$

$$(2-73)$$

其中 1、2 分别表示主动、被动摩擦盘，α 为热扩散系数.

第三章 数 值 计 算

本章将详细地讨论用有限差分方法离散微分方程组；微分方程组求解所需的边界条件；以采用双重网格与交替方向混合的数值计算方法求解微分方程组.

3.1 数值计算的基本方法

随着计算机技术与计算数学的发展，在计算机上用数值计算方法进行科学与工程计算已成为与理论分析、科学实验同样重要的科学研究方法. 数值计算主要内容包括代数方程、线性代数方程组、微分方程的数值解法，函数的数值逼近问题，矩阵特征值的求法，最优化计算问题，概率统计计算问题等等. 本章涉及的是微分方程组的数值解及积分求和问题.

由于计算技术的发展，对偏微分方程组的解法已相对成熟. 目前常用的是有限差分法、有限元法、边界元等. 其中有限元法和有限差分方法是比较具有代表性的，这两种方法各有自己的特点和适用范围. 有限元法主要应用于固体力学，有限差分方法则主要应用于流体力学. 近年来这种状况已发生变化，它们正在互相交叉和渗透，并取得了不少成就.

最早明确设法求解流体力学方程的则是英国学者 L. F. 理查逊，他于 1910 年推出了解流体力学方程这类非线性偏微分方程的数值解法——有限差分方法. 这个方法是把连续变量的特征用大量固定而离散的点上的值来表示，对变量的连续变化用它在离散而密布的点上的差来逼近. 实际上是用有限差分近似地把所给的偏微分方程化为一系列代数方程，而这些代数方程的解是可以计算出来的. 在近

100 年的历程中,从多点式非等距差分方程的离散,到离散后一系列代数方程的求解技术,进行了研究探索,使得计算技术不断完善. 当今已有不少软件商开发各种工程计算软件包提供给工程技术人员进行工程设计、计算、仿真,用来评估设计目标的质量与性能.

鉴于在粘性调速离合器的工作机理分析中,考虑到具有许多特殊性,标准的工程软件包尚不能满足要求,因此,需要自行开发计算程序用于粘性调速离合器的工作机理分析与研究.

3.1.1 有限差分公式

假设 $\Delta x, \Delta y$ 分别是自变量 x, y 的增量,若有两组平行线构成的长方形网格覆盖整个 x, y 计算平面,则有 $x_i = i\Delta x$, $y_j = j\Delta y$ $(i, j = 0, \pm 1, \pm 2, \cdots)$,其中 Δx 是沿 x 方向的步长, Δy 是沿 y 方向的步长,网格线的交点称为网格的结点. 差分方法就是在网格的结点上求出微分方程解的近似值. 若函数 $F(x, y)$ 在网格结点 (i, j) 上的一阶、二阶偏导数的差分公式为[66]:

$$\left(\frac{\partial \Phi}{\partial x}\right)_{i, j} = \frac{\Phi(i+1, j) - \Phi(i-1, j)}{2\Delta x} \qquad (3-1)$$

$$\left(\frac{\partial \Phi}{\partial y}\right)_{i, j} = \frac{\Phi(i, j+1) - \Phi(i, j-1)}{2\Delta y} \qquad (3-2)$$

$$\left(\frac{\partial^2 \Phi}{\partial x^2}\right)_{i, j} = \frac{\Phi(i+1, j) - 2\Phi(i, j) + \Phi(i-1, j)}{\Delta x^2} \qquad (3-3)$$

$$\left(\frac{\partial^2 \Phi}{\partial y^2}\right)_{i, j} = \frac{\Phi(i, j+1) - 2\Phi(i, j) + \Phi(i, j-1)}{\Delta y^2} \qquad (3-4)$$

边界上可以采用前差分公式与后差分公式

$$\left(\frac{\partial \Phi}{\partial x}\right)_{i, j} = \frac{\Phi(i+1, j) - \Phi(i, j)}{\Delta x} \qquad (3-5)$$

$$\left(\frac{\partial \Phi}{\partial y}\right)_{i,\,j} = \frac{\Phi(i,\,j+1) - \Phi(i,\,j)}{\Delta y} \qquad (3-6)$$

$$\left(\frac{\partial \Phi}{\partial x}\right)_{i,\,j} = \frac{\Phi(i,\,j) - \Phi(i-1,\,j)}{\Delta x} \qquad (3-7)$$

$$\left(\frac{\partial \Phi}{\partial y}\right)_{i,\,j} = \frac{\Phi(i,\,j) - \Phi(i,\,j-1)}{\Delta y} \qquad (3-8)$$

3.1.2　双重网格计算技术

微分方程近似解与精确解之间的偏差可以分解为多种频率的偏差分量,但误差分量主要可分为两大类,一类是频率变化较缓慢的低频分量;另一类是频率高,摆动快的高频分量. 一般的迭代方法可以迅速地将摆动误差衰减,但对那些低频分量,迭代法的效果不是很显著. 高频分量和低频分量是相对的,与网格尺度有关. 多重网格方法作为一种快速计算方法,迭代求解由偏微分方程组离散以后组成的代数方程组,其基本原理在于一定的网格容易消除与网格步长相对应的误差分量. 该方法采用不同尺度的网格,不同疏密的网格消除不同的误差分量,首先在细网格上采用迭代法,当收敛速度变缓慢时暗示误差已经光滑,则转移到较粗的网格上消除与该层网格上相对应的较易消除的那些误差分量,这样逐层进行下去直到消除各种误差分量,再逐层返回到细网格上.

应用多重网格法,解题过程的中间结果必须在层与层之间不断转移. 在相邻两层网格之间,把结果从较稠密的网格上转移到较稀疏的网格上的操作叫做限制,相反则叫做延拓. 限制通过限制算子而实现,延拓通过插值算子而实现. 限制算子和插值算子统称为转移算子.

本文将采用双重网格方法来解差分方程组. 在双重网格计算中,需要一些媒介把细网格上的信息传递到粗网格上去,同时还需要一些媒介把粗网格上的信息传递到细网格上去. 限制算子 $\boldsymbol{I}^{kk,\,k}$ 是把细网格上的结果限制到粗网格层上的算子;插值算子 $\boldsymbol{I}^{k,\,kk}$ 是把粗网格层上的结

果插值到细网格层上的算子. 粗细网格之间的转移算子如下[67]:

限制转移算子为

$$I_{i,j}^{kk,k} = \begin{pmatrix} 0 & \dfrac{1}{8} & 0 \\[2mm] \dfrac{1}{8} & \dfrac{1}{2} & \dfrac{1}{8} \\[2mm] 0 & \dfrac{1}{8} & 0 \end{pmatrix} \qquad (3-9)$$

插值转移算子为

$$I_{i,j}^{k,kk} = \begin{pmatrix} \dfrac{1}{4} & \dfrac{1}{2} & \dfrac{1}{4} \\[2mm] \dfrac{1}{2} & 1 & \dfrac{1}{2} \\[2mm] \dfrac{1}{4} & \dfrac{1}{2} & \dfrac{1}{4} \end{pmatrix} \qquad (3-10)$$

其原理图为图 3.1 与图 3.2. 数学上已证明双重网格计算是收敛的[68]. 需要说明的是在双重网格迭代方法中, 粗网格修正之前, 细网格必须进行光滑迭代, 以消除高频误差, 使粗网格修正最有效地发挥其作用; 在粗网格修正之后, 不可避免的引入高频误差, 所以也必须进行光滑迭代, 不过高频误差能很快的通过光滑迭代消除.

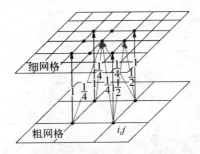

图 3.1　粗网格向细网格延拓

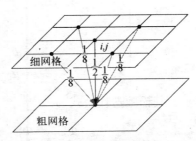

图 3.2　细网格向粗网格限制

3.1.3 交替方向计算技术

差分方法是数值解微分方程的一种有效方法,其差分格式的求解都归结为一个线性代数方程组问题. 原则上,可以采用迭代法、松弛迭代法、消元法等来求解. 本文将采用追赶法与超松弛方法结合求解方程组. 具体方法是在两维的求解域内,按不同的方向,如沿变量 x 方向用追赶法求解方程组,再沿 y 方向求解方程组,获得两维求解域内的近似值,采用超松弛因子,修正近似值再作为下次计算的初值,反复下去直到满足迭代收敛准则为止.

追赶法的方法可分为两步:第一步是"追",第二步是"赶". 对于线性方程组

$$
\begin{aligned}
b_1 Z_1 \ + c_1 Z_2 && = s_1 \\
a_2 Z_1 \ + b_2 Z_2 \ + c_2 Z_3 && = s_2 \\
a_3 Z_2 \ + b_3 Z_3 \ + c_3 Z_4 && = s_3 \\
\cdots\cdots\cdots\cdots\cdots\cdots\cdots\cdots && \\
a_n Z_{n-1} \ + b_n Z_n &= s_n
\end{aligned}
$$

$$(3-11)$$

其追赶法的计算公式为[1]

$$
\begin{cases}
g_1 = \dfrac{s_1}{b_1}, & g_i = \dfrac{s_i - a_i g_{i-1}}{b_i - a_i w_{i-1}}, & 2 \leqslant i \leqslant n \\[2mm]
w_1 = \dfrac{c_1}{b_1}, & w_i = \dfrac{c_i}{b_i - a_i w_{i-1}}, & 2 \leqslant i \leqslant n-1 \\[2mm]
Z_n = g_n, & Z_i = g_i - w_i Z_{i+1}, & 1 \leqslant i \leqslant n-1
\end{cases}
$$

$$(3-12)$$

其松弛迭代公式为

$$\Phi_{i,j}^{k+1} = \Phi_{i,j}^{k-1} + \omega(\Phi_{i,j}^{k} - \Phi_{i,j}^{k-1}) \qquad (3-13)$$

其中:ω 为松弛因子.

3.1.4 迭代收敛准则

迭代收敛准则为

$$\frac{\sum |\Phi_{i,j}^{(k+1)} - \Phi_{i,j}^{(k)}|}{\sum \Phi_{i,j}^{(k+1)}} < 10^{-5} \qquad (3-14)$$

对于压力、温度以及粘度分别为:

$$\frac{\sum\limits_{i=1}^{imax}\sum\limits_{j=1}^{jmax} |\overline{p}_{i,j}^{(\text{new})} - \overline{p}_{i,j}^{(\text{old})}|}{\sum\limits_{i=1}^{imax}\sum\limits_{j=1}^{jmax} \overline{p}_{i,j}^{(\text{new})}} < 10^{-5};$$

$$\frac{\sum\limits_{i=1}^{imax}\sum\limits_{j=1}^{jmax}\sum\limits_{k=1}^{kmax} |\Theta_{i,j,k}^{(\text{new})} - \Theta_{i,j,k}^{(\text{old})}|}{\sum\limits_{i=1}^{imax}\sum\limits_{j=1}^{jmax}\sum\limits_{k=1}^{kmax} \Theta_{i,j,k}^{(\text{new})}} < 10^{-5};$$

$$\frac{\sum\limits_{i=1}^{imax}\sum\limits_{j=1}^{jmax} |\kappa_{i,j}^{(\text{new})} - \kappa_{i,j}^{(\text{old})}|}{\sum\limits_{i=1}^{imax}\sum\limits_{j=1}^{jmax} \kappa_{i,j}^{(\text{new})}} < 10^{-5}.$$

3.2 雷诺方程的离散

在采用数值计算时,为了使计算过程的数值稳定,通常在建立数学模型以后,应立即考虑无量纲化. 根据雷诺方程(2-41)我们令

$$\hat{h} = \frac{h}{h_0}; \hat{w} = \frac{w}{h_0}; \hat{\theta} = \frac{\theta}{\theta_{\text{ref}}}; \hat{r} = \frac{r}{r_2}; \hat{R} = \frac{r_1}{r_2}; \hat{p} = \frac{\overline{p}}{p_0};$$

$$\hat{\omega} = \frac{\omega_2}{\omega_1}; H = \frac{h}{\sigma}; \lambda_1 = \frac{6r_2^{n+1}\kappa_0\omega_1^n}{h_0^{n+1}p_0\theta_{\text{ref}}}; \lambda_2 = \frac{\rho\omega_1^2 r_2^2}{10p_0};$$

并将差分离散方程(3-1)～(3-4)代入式(2-41)有

$$C\left[\frac{J(i,\,j+1)-J(i,\,j-1)}{2\Delta\,\hat{\theta}}\right]\cdot\left[\frac{\bar{\hat{p}}(i,\,j+1)-\bar{\hat{p}}(i,\,j-1)}{2\Delta\,\hat{\theta}}\right]+$$

$$A\left[\frac{\bar{\hat{p}}(i,\,j+1)-2\,\bar{\hat{p}}(i,\,j)+\bar{\hat{p}}(i,\,j-1)}{\Delta\,\hat{\theta}^{2}}\right]+\left[\frac{K(i+1,\,j)-K(i-1,\,j)}{2\Delta\,\hat{r}}\right]\cdot$$

$$\left[\frac{\bar{\hat{p}}(i+1,\,j)-\bar{\hat{p}}(i-1,\,j)}{2\Delta\,\hat{r}}\right]+B\left[\frac{\bar{\hat{p}}(i+1,\,j)-2\,\bar{\hat{p}}(i,\,j)+\bar{\hat{p}}(i-1,\,j)}{\Delta r^{2}}\right]$$

$$=F\left[\frac{\hat{h}(i,\,j+1)-\hat{h}(i,\,j-1)}{2\Delta\,\hat{\theta}}\right]+I\left[\frac{D(i+1,\,j)-D(i-1,\,j)}{2\Delta\,\hat{r}}\right]$$

其中：

$$A=\frac{\phi_{\theta}}{n\theta_{\mathrm{ref}}^{2}}\frac{\hat{h}^{n+2}}{\hat{\kappa}\hat{r}^{n}};\ B=\frac{\phi_{r}\hat{r}^{2-n}\hat{h}^{n+2}}{\hat{\kappa}};\ C=\frac{1}{n\theta_{\mathrm{ref}}^{2}\hat{r}^{n}};$$

$$F=-\hat{r}(1-\hat{\omega})^{n}\lambda_{1}\phi_{c};\ I=\lambda_{2}(3+4\,\hat{\omega}+3\,\hat{\omega}^{2});\ J=\frac{\phi_{\theta}\hat{h}^{n+2}}{\hat{\kappa}};$$

$$K=\frac{\hat{r}^{2-n}\phi_{r}\hat{h}^{n+2}}{\hat{\kappa}};\ D=\frac{\hat{r}^{3-n}\phi_{r}\hat{h}^{n+2}}{\hat{\kappa}}$$

再令

$$\overline{A}=\frac{A}{(\Delta\,\hat{\theta})^{2}};\ \overline{B}=\frac{B}{(\Delta\,\hat{r})^{2}};\ \overline{C}=\frac{C}{4(\Delta\,\hat{\theta})^{2}};\ \overline{E}=\frac{1}{4(\Delta\,\hat{r})^{2}};$$

$$\overline{F}=\frac{F}{2(\Delta\,\hat{\theta})};\ \overline{I}=\frac{I}{2\Delta\,\hat{r}};$$

$$L=\overline{C}(J(i,\,j-1)-J(i,\,j+1))+\overline{A};$$

$$M=2(\overline{A}+\overline{B});$$

$$N=\overline{C}(J(i,\,j+1)-J(i,\,j-1))+\overline{A};$$

$$O=\overline{E}(K(i-1,\,j)-K(i+1,\,j))+\overline{B};$$

$$S = \overline{E}(K(i+1, j) - K(i-1, j)) + \overline{B};$$

$$G = -\overline{F}(\hat{h}(i, j+1) - \hat{h}(i, j-1)) - \overline{I}(D(i+1, j) - D(i-1, j)).$$

则离散的雷诺迭代方程为

$$\begin{aligned}
\tilde{p}^k(i, j) = \tilde{p}^{k-1}(i, j) &- \omega(\tilde{p}^{k-1}(i, j) - (L_{i,j} \cdot \tilde{p}^k(i, j-1) + \\
&N_{i,j} \cdot \tilde{p}^{k-1}(i, j+1) + O_{i,j} \cdot \tilde{p}^k(i-1, j) + \\
&S_{i,j} \cdot \tilde{p}^{k-1}(i+1, j) + G_{i,j})/M_{i,j}) \qquad (3-15)
\end{aligned}$$

其中 ω 为松弛因子.

求解的边界条件为

$$\begin{cases}
\left.\dfrac{\partial \overline{p}}{\partial \theta}\right|_{\theta=0} = \left.\dfrac{\partial \overline{p}}{\partial \theta}\right|_{\theta=\theta_{\text{ref}}} = 0 \\
\overline{p}_{r=r_1} = p_a, \overline{p}_{r=r_2} = 0
\end{cases} \qquad (3-16)$$

3.3 平均能量方程的离散

根据方程式(2-72)我们令

$$\Theta A = \frac{-h_0^{n+2}}{12 r_2^{n+2}}; \quad \Theta B = \frac{(1+\hat{\omega})\kappa_0 \omega_1^n (1-\hat{\omega})^{n-1}}{2 r_2 p_0} h_0;$$

$$\Theta C = \frac{\rho r_2^{-n} h_0^{n+2} \omega_1^2}{120 p_0}(3\hat{\omega}^2 + 4\hat{\omega} + 3); \quad \Theta D = k_{\text{h}} \frac{h_0 \kappa_0 \omega_1^{n-1}(1-\hat{\omega})^{n-1}\Theta_a}{r_2^3 p_0^2};$$

$$\Theta E_0 = \frac{f\kappa_0 \omega_1^n (1-\hat{\omega})^n}{p_0}; \quad \Theta E_2 = \frac{2\kappa_0 \omega_1^{n-1}(1-\hat{\omega})^{n-1}\Theta_a k_2}{r_2 p_0^2 \Delta d_2};$$

$$\Theta E_1 = \frac{2\kappa_0 \omega_1^{n-1}(1-\hat{\omega})^{n-1}\Theta_a k_1}{r_2 p_0^2 \Delta d_1}; \quad \Theta F = r_2^n \frac{\kappa_0^2 \omega_1^{2n}(1-\hat{\omega})^{2n}}{p_0^2 h_0^n};$$

$$\Theta G = \Theta B = (1 + \hat{\omega}) \frac{\kappa_0 \omega_1^n (1 - \hat{\omega})^{n-1} h_0}{r_2 2 p_0}; \quad \Theta H = \frac{\Theta_{al} \rho c_v}{p_0}.$$

则平均能量方程为

$$0 = \frac{\Theta D}{\theta_{ref}^2} \frac{\partial \bar{\hat{h}}_T}{\hat{r} \partial \hat{\theta}} \left(\frac{\partial \hat{\Theta}}{\hat{r} \partial \hat{\theta}} \right) + \frac{\Theta D}{\theta_{ref}^2} \frac{\bar{\hat{h}}_T}{\hat{r}^2} \left(\frac{\partial^2 \hat{\Theta}}{\partial \hat{\theta}^2} \right) + \Theta D \frac{\partial (\hat{r} \bar{\hat{h}}_T)}{\hat{r} \partial \hat{r}} \left(\frac{\partial \hat{\Theta}}{\partial \hat{r}} \right) +$$

$$\Theta D \, \bar{\hat{h}}_T \left(\frac{\partial^2 \hat{\Theta}}{\partial \hat{r}^2} \right) + \Theta E_0 \, \hat{r} \, \hat{p}_c + \Theta E_1 (\hat{\Theta}_{d1} - \hat{\Theta}) + \Theta E_2 (\hat{\Theta}_{d2} - \hat{\Theta}) +$$

$$\Theta F \frac{\hat{r}^{n+1} \hat{\kappa}}{\bar{\hat{h}}_T^n} + \Theta B \frac{\bar{\hat{h}}_T}{\theta_{ref}} \frac{\partial \bar{\hat{p}}}{\partial \hat{\theta}} - \frac{\partial \bar{\hat{p}}}{\theta_{ref} \partial \hat{\theta}} \left(\Theta A \phi_\theta \frac{\hat{h}^{n+2}}{\hat{r}^{n+1} \hat{\kappa} n} \frac{\partial \bar{\hat{p}}}{\theta_{ref} \partial \hat{\theta}} + \Theta B \bar{\hat{h}}_T \right) -$$

$$\frac{\partial \bar{\hat{p}}}{\partial \hat{r}} \left(\Theta A \frac{\hat{h}^{n+2} \phi_r}{\hat{\kappa} \hat{r}^{n-1}} \frac{\partial \bar{\hat{p}}}{\partial \hat{r}} + \Theta C \frac{\hat{r}^{2-n} \hat{h}^{n+2} \phi_r}{\hat{\kappa}} \right) -$$

$$\frac{\Theta H}{\theta_{ref}} \frac{\partial \hat{\Theta}}{\partial \hat{\theta}} \left(\Theta A \phi_\theta \frac{\hat{h}^{n+2}}{\hat{r}^{n+1} \hat{\kappa} n} \frac{\partial \bar{\hat{p}}}{\theta_{ref} \partial \hat{\theta}} + \Theta B \bar{\hat{h}}_T \right) -$$

$$\Theta H \frac{\partial \hat{\Theta}}{\partial \hat{r}} \left(\Theta A \frac{\hat{h}^{n+2} \phi_r}{\hat{\kappa} \hat{r}^{n-1}} \frac{\partial \bar{\hat{p}}}{\partial \hat{r}} + \Theta C \frac{\hat{r}^{2-n} \hat{h}^{n+2} \phi_r}{\hat{\kappa}} \right) \tag{3-17}$$

采用后差分技术展开,令

$$\Pi A = \Theta A \phi_\theta \frac{\hat{h}^{n+2}}{4 \hat{r}^{n+1} \hat{\kappa} n \theta_{ref}^2 \Delta \hat{\theta}} \frac{(\bar{\hat{p}}_{i, j+1} - \bar{\hat{p}}_{i, j-1})}{\Delta \hat{\theta}}; \quad \Pi B = \frac{\Theta B \bar{\hat{h}}_T}{2 \Delta \hat{\theta} \theta_{ref}};$$

$$\Pi C = \Theta A \frac{\hat{h}^{n+2} \phi_r}{4 \Delta \hat{r} \hat{\kappa} \hat{r}^{n-1}} \frac{\bar{\hat{p}}_{i+1, j} - \bar{\hat{p}}_{i-1, j}}{\Delta \hat{r}}; \quad \Pi D = \Theta C \frac{\hat{r}^{2-n} \phi_r \hat{h}^{n+2}}{2 \Delta \hat{r} \hat{\kappa}};$$

$$\Pi E = \Theta D \frac{\bar{\hat{h}}_T}{\theta_{ref}^2 \hat{r}^2 \Delta \hat{\theta}^2}; \quad \Pi F = \Theta D \frac{1}{\theta_{ref}^2 \hat{r}^2} \left(\frac{\bar{\hat{h}}_{Ti, j+1} - \bar{\hat{h}}_{Ti, j-1}}{2 \Delta \hat{\theta}^2} \right);$$

$$\Pi G = \frac{\Theta D \bar{\hat{h}}_T}{\Delta \hat{r}^2}; \quad \Pi H = \frac{\Theta D}{\hat{r}} \left(\frac{\hat{r}_{i+1, j} \bar{\hat{h}}_{Ti+1, j} - \hat{r}_{i-1, j} \bar{\hat{h}}_{Ti-1, j}}{2 \Delta \hat{r}^2} \right);$$

$$\varPi I = \frac{\varTheta F\,\hat{r}^{n+1}\,\hat{\kappa}}{\overline{\hat{h}}_T^{\,n}} + \frac{(\overline{\hat{p}}_{i,\,j+1} - \overline{\hat{p}}_{i,\,j-1})}{2\Delta\,\hat{\theta}}\,\frac{\varTheta G\,\overline{\hat{h}}_T}{\theta_{\mathrm{ref}}};$$

$$\varPi J = \frac{\overline{\hat{p}}_{i,\,j+1} - \overline{\hat{p}}_{i,\,j-1}}{2\theta_{\mathrm{ref}}\Delta\,\hat{\theta}}\left(\varTheta A\phi_\theta\,\frac{\hat{h}^{n+2}}{\hat{r}^{n+1}\,\hat{\kappa}\,n}\,\frac{(\overline{\hat{p}}_{i,\,j+1} - \overline{\hat{p}}_{i,\,j-1})}{\theta_{\mathrm{ref}}2\Delta\,\hat{\theta}} + \varTheta B\,\overline{\hat{h}}_{Ti,\,j}\right) +$$

$$\frac{\overline{\hat{p}}_{i+1,\,j} - \overline{\hat{p}}_{i-1,\,j}}{2\Delta\,\hat{r}}\left(\varTheta A\,\frac{\hat{h}^{n+2}\phi_r}{\hat{\kappa}\,\hat{r}^{n-1}}\,\frac{\overline{\hat{p}}_{i+1,\,j} - \overline{\hat{p}}_{i-1,\,j}}{2\Delta\,\hat{r}} + \varTheta C\,\frac{\hat{r}^{2-n}\,\hat{h}^{n+2}\phi_r}{\hat{\kappa}}\right);$$

$$\varPi K = \frac{\varTheta H}{\theta_{\mathrm{ref}}\Delta\,\hat{\theta}}\left[\varTheta A\phi_\theta\,\frac{\hat{h}^{n+2}}{\hat{r}^{n+1}\,\hat{\kappa}\,n}\,\frac{(\overline{\hat{p}}_{i,\,j+1} - \overline{\hat{p}}_{i,\,j-1})}{\theta_{\mathrm{ref}}2\Delta\,\hat{\theta}} + \varTheta B\,\overline{\hat{h}}_{Ti,\,j}\right]$$

$$= 2\varTheta H(\varPi A + \varPi B);$$

$$\varPi L = \frac{\varTheta H}{\Delta\,\hat{r}}\left[\varTheta A\,\frac{\hat{h}^{n+2}\phi_r}{\hat{\kappa}\,\hat{r}^{n-1}}\,\frac{\overline{\hat{p}}_{i+1,\,j} - \overline{\hat{p}}_{i-1,\,j}}{2\Delta\,\hat{r}} + \varTheta C\,\frac{\hat{r}^{2-n}\,\hat{h}^{n+2}\phi_r}{\hat{\kappa}}\right]$$

$$= 2\varTheta H(\varPi C + \varPi D).$$

平均能量方程的离散形式为

$$(\varPi E)(\hat{\varTheta}_{i,\,j+1}) + (\varPi E - \varPi F + \varPi K)(\hat{\varTheta}_{i,\,j-1}) + (\varPi G)(\hat{\varTheta}_{i+1,\,j}) +$$

$$(\varPi G - \varPi H + \varPi L)(\hat{\varTheta}_{i-1,\,j}) + \varPi I - \varPi J + \varPi M$$

$$= (\varPi N + 2\varPi E + 2\varPi G - \varPi F - \varPi H + \varPi K + \varPi L)\hat{\varTheta}_{i,\,j} \qquad (3-18)$$

平均能量方程的求解边界条件：

$$\text{a)}\ \frac{\partial \varTheta_h}{\partial r} = \frac{\alpha_h}{k_h}(\varTheta_h - \varTheta_\infty) \quad r = r_1 \qquad (3-19)$$

$$\text{b)}\ \frac{\partial \varTheta_h}{\partial r} = -\frac{\alpha_h}{k_h}(\varTheta_h - \varTheta_\infty) \quad r = r_2 \qquad (3-20)$$

$$\text{c)}\ \frac{\partial \varTheta_h}{\partial \theta}\bigg|_{i,\,0} = \frac{\partial \varTheta_h}{\partial \theta}\bigg|_{i,\,\theta_{\mathrm{ref}}} = 0 \qquad (3-21)$$

$$d) \ k_2 \frac{\partial \Theta_2}{\partial z_2} - k_h \frac{\partial \Theta_h}{\partial z_h} = q_2 \quad z_h = 0 \qquad (3-22)$$

$$e) \ k_h \frac{\partial \Theta_h}{\partial z_h} - k_1 \frac{\partial \Theta_1}{\partial z_1} = q_1 \quad z_h = \overline{h}_T \qquad (3-23)$$

其中：Θ_h 流体膜厚温度，Θ_∞ 环境温，

$$q = q_1 + q_2 = \frac{q}{1+s} + \frac{sq}{1+s} = f(\omega_1 - \omega_2) r p_c; \ s = \frac{k_2 \sqrt{\chi_1}}{k_1 \sqrt{\chi_2}};$$

χ 为散热系数[18].

3.4 摩擦副传热方程离散

根据摩擦副传热方程(2-73)，首先是无量纲化，对于主、被动摩擦盘我们有：

$$0 \doteq \left[\frac{\partial^2 \hat{\Theta}}{\partial \hat{r}^2} + \frac{1}{\hat{r}} \frac{\partial \hat{\Theta}}{\partial \hat{r}} + \frac{1}{\theta_{ref}^2 \hat{r}^2} \frac{\partial^2 \hat{\Theta}}{\partial \hat{\theta}^2} - \frac{\omega_1 r_2^2}{\alpha_{1,2} \theta_{ref}} \frac{\partial \hat{\Theta}}{\partial \hat{\theta}} + \frac{4 r_2^2 \partial^2 \hat{\Theta}}{d_{1,2}^2 \partial \hat{z}_{1,2}^2} \right]$$

令：

$$\Theta L = \frac{1}{\Delta \hat{r}^2}; \ \Theta M = \frac{1}{2 \hat{r} \Delta \hat{r}}; \ \Theta N = \frac{1}{\hat{r}^2 \theta_{ref}^2 \Delta \hat{\theta}^2}; \ \Theta O = -\frac{\omega_1 r_2^2}{2 \alpha_1 \theta_{ref} \Delta \hat{\theta}};$$

$$\Theta P = \frac{4 r_2^2}{d_1^2 \Delta \hat{z}_1^2}; \ \Theta Q = -\frac{\omega_1 r_2^2}{2 \alpha_2 \theta_{ref} \Delta \hat{\theta}}; \ \Theta R = \frac{4 r_2^2}{d_2^2 \Delta \hat{z}_2^2}.$$

对于主动摩擦盘，有

$$\hat{\Theta} 1_{i,j,z} = ((\Theta L + \Theta M) \hat{\Theta} 1_{i+1,j,z} + (\Theta L - \Theta M) \hat{\Theta} 1_{i-1,j,z} +$$
$$(\Theta N + \Theta O) \hat{\Theta} 1_{i,j+1,z} + (\Theta N - \Theta O) \hat{\Theta} 1_{i,j-1,z} +$$
$$\Theta P (\hat{\Theta} 1_{i,j,z+1} + \hat{\Theta} 1_{i,j,z-1})) / 2(\Theta L + \Theta N + \Theta P)$$

$$(3-24)$$

对于被动摩擦盘,有

$$\hat{\Theta}2_{i,j,z} = ((\Theta L + \Theta M)\,\hat{\Theta}2_{i+1,j,z} + (\Theta L - \Theta M)\,\hat{\Theta}2_{i-1,j,z} +$$
$$(\Theta N + \Theta Q)\,\hat{\Theta}2_{i,j+1,z} + (\Theta N - \Theta Q)\,\hat{\Theta}2_{i,j-1,z} +$$
$$\Theta R(\hat{\Theta}2_{i,j,z+1} + \hat{\Theta}2_{i,j,z-1}))/2(\Theta L + \Theta N + \Theta P)$$

$$(3-25)$$

与其相应的求解边界条件:

对于主摩擦盘

a) $\dfrac{\partial \Theta_1}{\partial r} = \dfrac{\alpha_1}{k_1}(\Theta_1 - \Theta_\infty)$ $r = r_1$

b) $\dfrac{\partial \Theta_1}{\partial r} = -\dfrac{\alpha_h}{k_1}(\Theta_1 - \Theta_\infty)$ $r = r_2$

c) $\dfrac{\partial \Theta_1}{\partial \theta}\Big|_{i,0} = \dfrac{\partial \Theta_1}{\partial \theta}\Big|_{i,\theta_{\mathrm{ref}}} = 0$

d) $k_h \dfrac{\partial \Theta_h}{\partial z_h} - k_1 \dfrac{\partial \Theta_1}{\partial z_1} = q_1$ $z_1 = 0$

e) $\dfrac{\partial \Theta_1}{\partial z_1}\Big|_{z_1 = \frac{1}{2}d_1} = 0$

对于被动摩擦盘

a) $\dfrac{\partial \Theta_2}{\partial r} = \dfrac{\alpha_2}{k_2}(\Theta_2 - \Theta_\infty)$

b) $\dfrac{\partial \Theta_2}{\partial r} = -\dfrac{\alpha_h}{k_2}(\Theta_2 - \Theta_\infty)$ $r = r_2$

c) $\dfrac{\partial \Theta_2}{\partial \theta}\Big|_{i,0} = \dfrac{\partial \Theta_2}{\partial \theta}\Big|_{i,\theta_{\mathrm{ref}}} = 0$

d) $k_2 \dfrac{\partial \Theta_2}{\partial z_2} - k_h \dfrac{\partial \Theta_h}{\partial z_h} = q_2 \qquad z_2 = \dfrac{1}{2} d_2$

e) $\dfrac{\partial \Theta_2}{\partial z_2} = 0 \qquad z_2 = 0$

3.5　摩擦副传递的转矩

　　摩擦副的传递转矩应该有两部分组成,一部分是摩擦副之间的流体作用的效应,另一部分是由于摩擦副之间粗糙表面微凸体接触的效应.

　　第一部分是流体效应,有式(2-61)表示,无量纲后传递的转矩为:

$$T_{\mathrm{h}} = \iint \tau_0 r^2 \,\mathrm{d}\theta \mathrm{d}r$$

$$= \kappa_0 r_2^3 \left(\frac{r_2(\omega_1 - \omega_2)}{h_0} \right)^n \theta_{\mathrm{ref}} \iint \phi_s \,\bar{\kappa} \, \frac{\bar{r}^{n+2}}{\bar{h}^n} \,\mathrm{d}\,\hat{\theta}\mathrm{d}\,\hat{r} - \frac{r_2^2 p_0 h_0}{2} \iint \phi_{fp} \,\bar{r}\,\bar{h}\, \frac{\partial \bar{p}}{\partial \bar{\theta}}\,\mathrm{d}\,\hat{\theta}\mathrm{d}\,\hat{r}$$

$$(3-26)$$

第二部分是微凸体效应,有式(2-65)表示,无量纲后为:

$$T_{\mathrm{c}} = \iint f \,\bar{p}_c r^2 \,\mathrm{d}\theta \mathrm{d}r = r_2^3 p_0 f \theta_{\mathrm{ref}} \iint \bar{p}_c \,\hat{r}^2 \,\mathrm{d}\,\hat{\theta}\mathrm{d}\,\hat{r} \qquad (3-27)$$

采用辛卜生公式[67]:

$$\int_a^b f(x)\mathrm{d}x = \frac{h}{6}\left[f(a) + (b) + 2\left(2\sum_{k=1}^{N} f(x_{2k-1}) + \sum_{k=1}^{N} f(x_{2k}) \right) \right]$$

　　摩擦副的传递转矩为:

$$T = T_{\mathrm{h}} + T_{\mathrm{c}} \qquad (3-28)$$

3.6 摩擦副推力的计算

液体粘性调速器是通过推进油缸改变摩擦副间的间距来实现调速与转矩传递的. 油缸推力与摩擦副之间的推力相平衡. 摩擦副间的推力是由流体产生的动压力与微凸体接触的压力沿摩擦副接触面积的积分,表达式为:

$$F = F_{\text{h}} + F_{\text{c}} \qquad (3-29)$$

$$F_{\text{h}} = \iint \overline{p}_{\text{h}} r \mathrm{d}r \mathrm{d}\theta \qquad (3-30)$$

$$F_{\text{c}} = \iint \overline{p}_{\text{c}} r \mathrm{d}r \mathrm{d}\theta \qquad (3-31)$$

$$F = p_0 \pi (r_2^2 - r_1^2) \qquad (3-32)$$

其中：p_0 为摩擦副的平均推进压力.

$$F = p_0 \pi (r_2^2 - r_1^2) = \iint (\overline{p}_{\text{h}} + \overline{p}_{\text{c}}) r \mathrm{d}r \mathrm{d}\theta$$

无量纲化：

$$\overline{F} = \frac{1}{p_0 \pi (r_2^2 - r_1^2)} \iint (\overline{p}_{\text{h}} + \overline{p}_{\text{c}}) r \mathrm{d}r \mathrm{d}\theta$$

$$= \frac{r_2^2 \theta_{\text{ref}}}{\pi (r_2^2 - r_1^2)} \iint (\hat{p}_{\text{h}} + \hat{p}_{\text{c}}) \hat{r} \mathrm{d} \hat{r} \mathrm{d} \hat{\theta} \qquad (3-33)$$

所以有：

$$\overline{F} = \overline{F}_{\text{h}} + \overline{F}_{\text{c}} = 1.$$

3.7 计算流程

进行数值计算时由于摩擦副结构对称,取部分进行计算. 雷诺方

程采用有限差分双重网格松弛迭代求解,热传导方程采用差分交替
方向迭代求解.具体步骤为:首先赋初值;用雷诺方程求出压力分布;
采用 GT 模型求出接触压力分布;由平均能量方程求出摩擦副间流体
的平均温度场;再由摩擦副的热传导方程求出摩擦副的温度场;根据
流体的平均温度场计算润滑油的粘度,再重复计算过程直到达到收
敛为止.传递的转矩 T 和摩擦副的总推进力 F 采用辛卜生法积分获
得.其计算框图如图 3.3 所示.

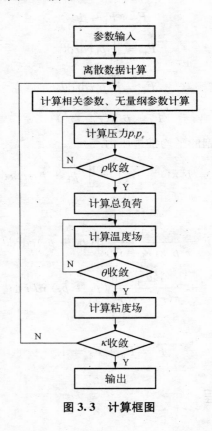

图 3.3 计算框图

第四章 计算结果与分析

本章以某 200 kW 粘性调速离合器的一对纸质摩擦副为例作数值计算与分析,在被动摩擦盘上开有 10 条且 10°的圆弧形底沟槽,其计算参数如表 4.1 所示. 为了便于计算分析,可以假设:摩擦副表面具有各向同性,同粗糙度分布;考虑到被动摩擦副表面附层(纸基)厚度方向的尺寸很小,在传热计算时不计其影响,因为我们考虑的是稳态效应,将附层的温度分布近似等同于油膜的温度是合理的;采用幂律流体时温度对幂律指数的影响相对很小,可以不计;温度对粘度的影响在于粘稠系数[2],由于目前尚无较合理的计算表达式,暂且使用 ASTM 标准来近似[18].

表 4.1　计 算 参 数

参　　　　数	数　　值
运行条件	
初始膜厚 $h_0/\mu m$	25
额定转速 $n_1/(r \cdot min^{-1})$	1 500
平均推进压力 p_0/MPa	0.25
润滑油入口压力 p_a/MPa	0.1
初始温度 $T_{in}/℃$	50
环境温度 $T_{am}/℃$	50
润滑剂	
密度 $\rho/(kg \cdot m^{-3})$	820
粘稠系数 $\kappa/Pa \cdot s^{0.925}$	0.012 1
幂律指数 n	0.925
热传导系数 $k_h/W \cdot (m \cdot K)^{-1}$	0.126
常数 A	7.571

续　表

参　　数	数　值
常数 B	2.958
几何参数	
摩擦副内径 r_1/m	0.089
摩擦副外径 r_2/m	0.139
摩擦副厚度 d/m	0.003
沟槽角度 γ	10^0
沟槽数量 N_g	10
沟槽深 G_d/m	2.5×10^{-5}
沟槽宽 G_w/m	2×10^{-2}
材料参数	
表面粗糙度 $\sigma/\mu\mathrm{m}$	6
微凸体尖峰半径 β/m	5×10^{-4}
微凸体密度 N/m^{-2}	3×10^7
弹性模量 E/MPa	31
表面粗糙度波长 $N_\mathrm{w}/\mu\mathrm{m}$	2
摩擦系数 C_1	0.15
摩擦系数 C_2	0.011
热传导系数 k_1，$k_2/\mathrm{W}\cdot(\mathrm{m}\cdot\mathrm{K})^{-1}$	46.04
热扩散系数 α_1，$\alpha_2/(\mathrm{m}^2\cdot\mathrm{s}^{-1})$	1.18×10^{-5}

　　粘性调速离合器摩擦副的输出转速、传递转矩、摩擦副平均推力、油膜间距之间的关系确定了其工作机理. 因此通过求解第三章的相关微分方程可以获得基础数据，从而解析其工作特性.

4.1　牛顿流体与非牛顿流体的影响

　　根据不同的计算条件，我们可以获得各种工况下的计算结果，并根据计算结果来分析、推理粘性调速离合器的工作状况,获得具有理论依据的建设性设计建议.

图 4.1 给出了膜厚比为 5 及输出转速为 500 r/min 时,幂率流体与牛顿流体的无量纲压力分布,从图中可以发现牛顿流体相对与幂率流体有较大的压力分布. 显然,这是由于幂律流体的粘度随剪切率的增加而减少,粘度下降导致动压效应比牛顿流体小. 假设远离沟槽点,即以周向起始点为例,考察径向的动压分布,此时可以近似认为

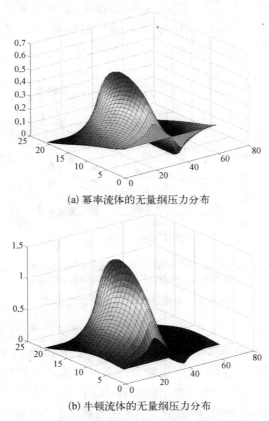

(a) 幂率流体的无量纲压力分布

(b) 牛顿流体的无量纲压力分布

图 4.1　幂率流体与牛顿流体的无量纲压力分布

没有动压效果,油膜间只存在静压效应,即摩擦副内径输入压力 p_a,外径输出压力 $p_b = 0$,可以近似地认为幂律流体的径向压力分布呈线性,牛顿流体则呈非线性分布.

图 4.2 给出了平均推进压力(0.2 MPa)相同时,幂率流体与牛顿流体对传递转矩的影响. 可见对于幂率流体其传递转矩的能力要比牛顿流体差,其主要原因在于其粘度随剪切率的影响而减少. 当在混合润滑区,由于微凸体参与传递转矩,所以流体粘度的变化不再是转矩变化的主要原因. 可以推断在相同的推进压力下,幂律流体要比牛顿流体较早地进入混合润滑区. 若传递转矩相等的话,牛顿流体所需的推进压力要高于幂率流体所需的推进压力.

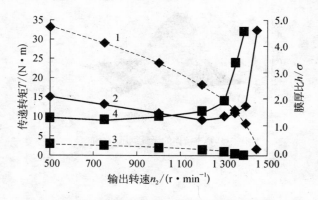

1. 牛顿流体的膜厚比   2. 牛顿流体传递的转矩
3. 幂律流体的膜厚比   4. 幂律流体传递的转矩

图 4.2   牛顿流体与幂律流体的影响

图 4.3 给出了平均推进压力(0.2 MPa)相同时,惯性项的影响. 可见惯性力的影响很小,可以不计,但是对于转速接近或并大于 1 500 r/min 以上,或对于功率比较大的粘性调速离合器且摩擦副的半径相对较大时,应该考虑惯性项的影响. 从图 4.4 中可以知道对于相同的膜厚比为 5,考虑惯性项的平均推进压力要小于不计惯性项的平均推进压力,随着输出转速的增加,其差距也增加. 应该指出的是:对于主动

盘转速大于 1 500 r/min,相对速度大,即输出转速小,其惯性项影响相对较小;相反,输出转速接近输入转速,即相对速度很小时,则其惯性项影响相对较大;同样转速情况下,半径越大惯性项的效果越大.

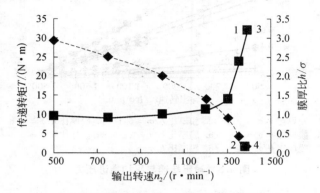

1. 忽略惯性项的传递转矩　　2. 忽略惯性项的膜厚比
3. 考虑惯性项的传递转矩　　4. 考虑惯性项的膜厚比

图 4.3　惯性项的影响

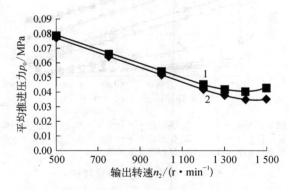

1. 忽略惯性项的平均推进压力　　2. 考虑惯性项的平均推进压力

图 4.4　惯性项影响

图 4.5、图 4.6 给出了不同膜厚比的条件下,传递转矩、平均推进压力与输出转速的影响.可以发现相对速度较大时,即滑差大,此时

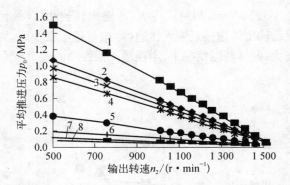

1. 膜厚比 $h/\sigma = 0.2$ 2. 膜厚比 $h/\sigma = 0.4$ 3. 膜厚比 $h/\sigma = 0.8$
4. 膜厚比 $h/\sigma = 1$ 5. 膜厚比 $h/\sigma = 2$ 6. 膜厚比 $h/\sigma = 3$
7. 膜厚比 $h/\sigma = 4$ 8. 膜厚比 $h/\sigma = 5$

图 4.5   输出转速与平均推进压力

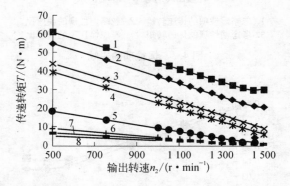

1. 膜厚比 $h/\sigma = 0.2$ 2. 膜厚比 $h/\sigma = 0.4$ 3. 膜厚比 $h/\sigma = 0.8$
4. 膜厚比 $h/\sigma = 1$ 5. 膜厚比 $h/\sigma = 2$ 6. 膜厚比 $h/\sigma = 3$
7. 膜厚比 $h/\sigma = 4$ 8. 膜厚比 $h/\sigma = 5$

图 4.6   输出转速与传递转矩

由于摩擦副之间的沟槽作用产生动压力,导致平均推进压力相对较
大,同时能传递的转矩也较大. 该传递转矩是由流体的粘性作用而产
生的,工作状态在流体润滑域内. 相对速度较小时,此时由于摩擦副
之间的动压效应减弱,导致平均推进压力减小,由于相对速度减小则

传递的转矩也下降了.另一方面对于不同的膜厚比,其可以反映摩擦副工作的润滑区域,膜厚比大,摩擦副工作在流体润滑区域,此时平均推进力相对较大,传递的转矩也相对较大.膜厚比减小时,摩擦副工作趋向混合区,此时平均推进力相对较小,传递的转矩也相对较小.当膜厚比很小时,润滑状态向边界润滑与直接接触转变,传递转矩中流体粘性剪切效应减少,微凸体的作用增加,所以传递转矩由于微凸体的介入作用而增加[70].

4.2 几何参数的影响

摩擦副的几何参数对传递转矩、平均推进压力以及输出转速都存在着影响.图 4.7 给出了在相同推进压力(0.2 MPa)的条件下,不同沟槽形状对传递转矩的影响.从图可见,在膜厚比大于 1.5 时,圆弧形与梯形的传递转矩基本类似,三角形相对较大些.然而在膜厚比小于 1.5 时三者相对变化较大,尤其梯形的膜厚变化相对其他两种沟槽形状较大,其微凸体介入传递转矩较其他形状的沟槽相对早些.三角

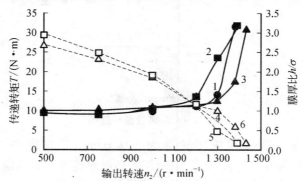

1.圆弧形沟槽的传递转矩,2.梯形沟槽的传递转矩,3.三角形沟槽的传递转矩,4.圆弧形沟槽的膜厚比,5.梯形沟槽的膜厚比,6.三角形沟槽的膜厚比

图 4.7　不同沟槽形状的影响

形沟槽的微凸体介入传递转矩最迟,这说明三角形沟槽形成流体动压效应要比其他两种类型的沟槽略强些. 因此对于同样的输出转矩,可以推理,对于三角形沟槽的摩擦副,其间距的改变需要相对较大的平均推进压力.

图 4.8 给出了平均推进压力(0.5 MPa)相同,输出转速在 500 r/min 时,沟槽数量对传递转矩的影响. 可以发现在混合润滑域,若沟槽宽度不变,沟槽数量的增加,由于流体动力的效应明显,油膜厚度增加,导致传递转矩的下降. 但过多的沟槽会降低形成动压油膜,导致膜厚降低,使传递转矩提高. 沟槽数量小于 9 条时,有个波动,此时流体动力效应变化不稳定,膜厚减少,微凸体参与对传递转矩的贡献. 若平均推进压力比较小时,相对膜厚较大时,这种变化会减弱.

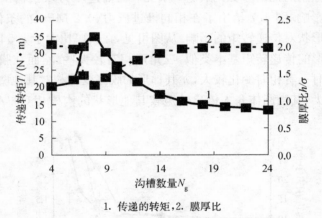

1. 传递的转矩,2. 膜厚比

图 4.8 沟槽数量的影响

图 4.9 反映了在输出转速为 500 r/min,平均推进压力相等 (0.5 Mpa),沟槽数量为 10 条的条件下,角度对传递转矩与输出转速的影响. 角度在 30°内角度的影响是对称的,但沟槽角度 α 超过 30°时情况就不是那样了,变化很大. 图 4.10 给出了当传递转矩相等,输出转速为 500 r/min 时,平均推进压力的变化,可以发现超过 30°时,要保持输出转矩需要较大的平均推进压力,意味着流体动力效应较显著[73].

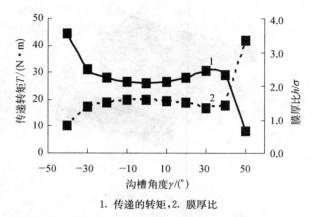

1. 传递的转矩,2. 膜厚比

图 4.9　沟槽角度的影响

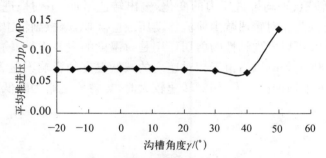

图 4.10　传递转矩相同时沟槽角度的影响

4.3　热效应的影响

图 4.11 给出了输出转速为 $n_2 = 500$ rpm,膜厚 $h_0 = 5.555\,6 \times 10^{-6}$ m 时,油膜的平均温度. 从图可以发现温度的分布沿径向方向变化相对较大,由于结构对称,沿周向方向除沟槽略微降低外,其余基本相等. 沟槽处的温度之所以略低主要是由于该处膜厚相对略大所至. 温度最大的地方位于摩擦盘最外近沟槽的地方.

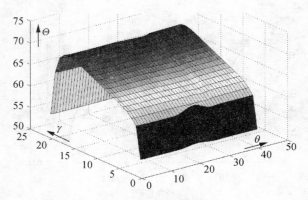

图 4.11   油膜温度的分布

图 4.12 给出了膜厚在 $h_0 = 5.56 \times 10^{-6}$ m 下,输出转速、摩擦副传递的转矩、平均推进压力的变化. 输出转速增加,平均推进压力降低,那是因为相对转速减少使流体动压效应降低,摩擦副输出转矩也相应减少. 可以发现粘性的剪切作用是对温度的主要贡献,输出转速大于 1 000 r/min 以后由于相对速度的减低温度的影响不显著了. 对于同样的平均推进压力,相对转速较大时,热效应会略为降低传递的

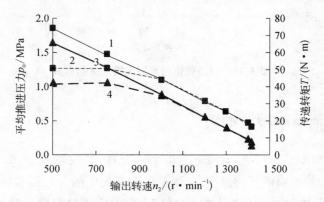

1. 不计温度影响的传递转矩,2. 考虑温度影响的传递转矩,3. 不计温度影响的平均推进压力,4. 考虑温度影响的平均推进压力

图 4.12   摩擦副的热影响

转矩.因此,可以得出只要相对速度较大时,热都会影响平均推进压力和输出转矩.油膜厚度越小,既在混合润滑域内,相对速度大则热影响显著;油膜厚度大,相对速度小,热影响相对较小可以忽略[71-72].

4.4 负荷影响

粘性调速离合器的调速特性与外负荷特性有关,外负荷不同,则输出特性也不一样.通常粘性调速离合器用于风机或水泵的调速,以此作为外负荷特性,即传递转矩与输出速度的平方近似正比关系,来讨论粘性调速器的调速特性.我们假设 200 kW 的粘性调速离合器,其传递转矩与输出角速度为近似平方关系.图 4.13、图 4.14 给出了传递转矩、平均推进压力、输出转速、以及膜厚比的关系.可以发现在润滑区,随着输出转速的提高、传递转矩的增加,平均推进压力也增加.在混合润滑区,随着输出转速的进一步提高、传递转矩的增加,平均推进压力会有波动.这是因为粘性流体剪切传递转矩的作用随相对速度的减少与膜厚的减少而逐步消失,与此同时微凸体的介入承担了部分传递转矩.在调速过程中,可以发现热影响并不很大[74].

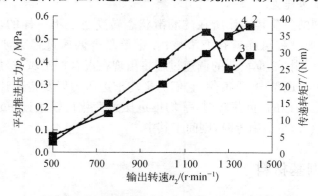

1. 忽略效应的平均推进压力, 2. 忽略热效应的传递转矩
3. 考虑热效应的平均推进压力, 4. 考虑热效应的传递转矩

图 4.13   负荷的影响图

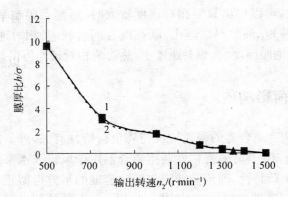

1. 忽略热效应的膜厚比，   2. 考虑热效应的膜厚比

图 4.14   负荷的影响

在一定的输出转速条件下,若要获得较大的传递转矩,就需要提高平均推进压力,减低膜厚,使润滑状态进入混合润滑. 由于微凸体参与传递转矩,使得平均推进压力会产生波动. 极限情况是一旦传递转矩不再由流体作用,而全部有微凸体承担的话,即同步转速时,那么平均推进压力基本保持不变了,通常这值要小于有流体参与作用的平均推进压力.

不同的负荷其工作所在的润滑状态转变也是不一样的,通常负荷小,调速过程可能就在润滑域内. 中等复合调速过程会涉及润滑域、混合润滑域. 重负荷的调速过程将出现在混合润滑域、接触域. 不管是轻负荷还是中、重负荷,它们的平均推进压力以及传递转矩变化的趋势是相似的. 负荷轻时,平均推进压力变化比较缓慢;负荷大时变化比较大;负荷中等时,则间于其中.

4.5   铜基材料

上面的数值分析是考查摩擦副表面附有纸质材料,若摩擦副表面附有铜质材料情况就会有所不同,本节将主要讨论摩擦副表面附有铜质材料层的热效应；传递转矩、输出转速、平均推进压力之间的关系；以及外负荷效应，为了便于比较，其计算参数与表 4.1 相同，只是弹性模量（$E \approx 100\,\text{GPa}$）不同与纸质.

图 4.15，图 4.16 给出了不同膜厚比状态下的摩擦副平均推进压

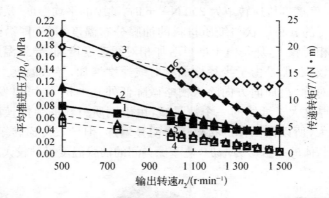

1. 膜厚比 $h/\sigma = 5$ 的平均推进压力，　2. 膜厚比 $h/\sigma = 4$ 的平均推进压力，
3. 膜厚比 $h/\sigma = 3$ 的平均推进压力，　4. 膜厚比 $h/\sigma = 5$ 的传递转矩

图 4.15　输出转矩与平均推进压力和传递转矩的关系

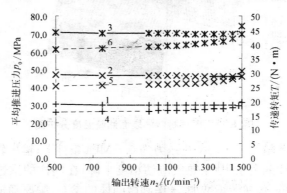

1. 膜厚比 $h/\sigma = 1$ 的平均推进压力，　2. 膜厚比 $h/\sigma = 0.8$ 的平均推进压
力，3. 膜厚比 $h/\sigma = 0.6$ 的平均推进压力，　4. 膜厚比 $h/\sigma = 1$ 的传递转矩，
5. 膜厚比 $h/\sigma = 0.8$ 的传递转矩，6. 膜厚比 $h/\sigma = 0.6$ 的传递转矩

图 4.16　输出转矩与平均推进压力和传递转矩的关系

力与传递转矩的关系.从图可以发现在润滑区与纸质材料相似.但是在边界润滑情况则不相同,由于微凸体的介入,传递转矩明显增大.在膜厚比越小,传递转矩与平均推进压力受输出转速的影响越小.

图 4.17 给出了输出转速为 $n_2 = 500$ rpm,膜厚 $h_0 = 2.06 \times 10^{-5}$ m,摩擦副传递转矩为 200 N·m 时,油膜的平均温度.从图可以发现温度的分布形状与纸质材料的油膜分布温度相似,即沿经向方向变化相对较大,那是由于半径增加相对线速度增加,导致温度上变化相对较大,那是由于半径增加相对线速度增加,导致温度上升.由于结构对称,沿周向方向除沟槽略微降低外基本相等.可以发现,即使油膜厚度大于纸质的一个数量级,由于铜质材料的弹性模量要比纸质的大,所以微凸体的接触压力明显增加,但导致传递转矩上升.由于微凸体的接触压力增加,使摩擦副间的油膜温度提升较大.

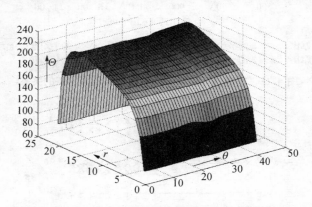

图 4.17　铜质材料的表面油膜温度分布图

图 4.18 给出了平均推进压力为 0.5 MPa 条件下,输出转速与传递转矩、膜厚比的关系.由于热效应使粘度下降,在同样的推进压力条件下,膜厚降低,传递转矩增加.考虑到微凸体的参与,膜厚随输出转速变化要远小于传递转矩随转速的变化,这说明流体的转矩传递公式作用已不显著了,而微凸体的作用显得明显了.这些现象与纸质材料不同,可以发现即使摩擦副工作在同步转速,但润滑还处在混合润滑状态.

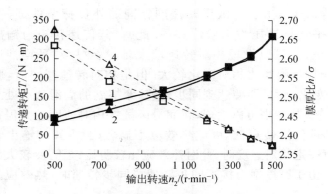

1. 考虑热影响的传递转矩，　2. 不计热效应的传递转矩，
3. 考虑热影响的膜厚比，　4. 不计热影响的膜厚比

图 4.18　平均推进压力相同时，输出转速与传递转矩和膜厚比的关系

图 4.19 给出了传递转矩相同时，输出转速与平均推进压力和膜厚比的关系. 可见在相同传递转矩的条件下，热影响会降低推进压力，膜厚比也下降. 当滑差很小时，无论是流体粘性剪切作用还是微凸体相对滑动摩擦都减少，润滑状态又处在混合状态，所以热的效应不明显.

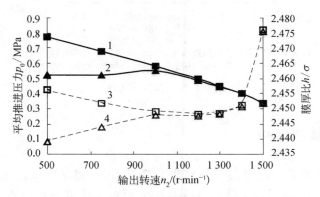

图 4.19　传递传矩相等条件下，输出转速与
平均推进压力和膜厚比的关系

  图 4.20 给出了与纸质摩擦副相同的外负荷条件下,铜质摩擦副的平均推进压力与膜厚关系.此时,其传递转矩与输出转速平方成正比.可以发现相对转速较大时,热效应对平均推进压力是有影响的,膜厚比相对变化较大.但是相对转速减小时,膜厚比几乎不变化,而且即使达到同步转速,摩擦副的润滑状态处于混合润滑状态.从图中可以发现,在润滑区虽然相对速度较大但是由于负荷小,即传递转矩低,因此热效应不显著;当需要的输出转矩增加,具有一定相对速度时,此时热效应比较明显;当需要较大的输出转矩时,由于摩擦副为接近同步转速或同步转速时,热效应又不显著了.

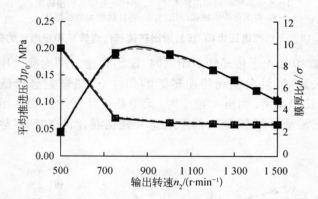

1. 忽略热效应的平均推进压力, 2. 忽略热效应的传递转矩,
3. 考虑热效应的平均推进压力, 4. 考虑热效应的传递转矩

图 4.20 负荷的影响

4.6 基本结论

  基于本章前几节的计算结果与图解分析,将从摩擦副表面几何形貌,摩擦副材料,流体粘性等几个方面对工作机理作讨论,并给出基本的结论.

4.6.1　摩擦副表面几何形貌

　　摩擦副中,被动盘表面开设沟槽不但可以形成动力润滑,而且更重要的是可以对摩擦副表面起冷却作用,以及调节摩擦副之间的平行位置.被动盘表面开设沟槽以后,摩擦副的主、被动盘之间会建立流体动压力分布,若摩擦副的主、被动盘之间有歪斜则两边的压力分布不同,膜厚小的会有较大的压力分布,膜厚大的会有较小的压力分布,这样可以调节其平行位置.

　　流体动压分布在沟槽的附近,若不计径向入口的静压,那么动压沿径向由小到大再减小分布,沿周向分布也是如此.在润滑状态,相对速度比较大,那么流体动压容易形成;反之,流体动压相对较小.由于考虑了表面粗糙度,即使没有沟槽也会形成一定的流体动压,这是因为存在平均流效应.在混合润滑状态,由于相对速度小,所以流体动压效果减小直到消失.

　　摩擦副之间的流体动压与粘性调速离合器中受电液控制的油缸推进力相平衡.若推进力与流体动压平衡则系统可以在工作点上保持相对稳定的转速.推进力大于流体动压,膜厚降低那么传递转矩增加,润滑状态就会向混合润滑直至直接接触状态转化.推进力小于流体动压,那么由于动压作用使膜厚增加,传递转矩下降.可见,当推进力降低时,由于流体动压效应,摩擦副中主、被动盘分开,传递转矩降低.在混合润滑区,当相对转速减小,流体动压效应减少,推进力也相应开始减低.流体动压效应消失后,推进力随传递转矩的增加而提高,传递转矩与推进压力符合滑动摩擦定律.

　　在一定的沟槽宽度条件下,摩擦副的沟槽数量越多动力效果越明显,若沟槽宽度一定时,沟槽数太多反而会减少形成流体动压建立的面积,从而影响动力润滑效果.通常沟槽数取 8~12 条为宜.沟槽的宽度也有影响,过小的沟槽宽度不能形成流体动压,即便能形成也是很大的尖峰压力,不利于摩擦副的工作,所以通常槽宽要取大于 10^{-2}m.沟槽的角度虽然对流体动压有影响,但在一定的范围内其对流体动压的影响并不很大,通常可以在 $-3° \sim 30°$ 内选择. 沟槽底部形状对流体动压的效果与上述因素相比相对小得多. 通常以加工方便为宜,来选择即可. 摩擦副表面粗糙度对摩擦副的动力润滑状态存在着影响,粗糙度越大,从形成的动压来看粗糙峰较多,进入混合润滑区越早. 微凸体参与传递转矩成分也越早.

4.6.2 摩擦副材料

在动力润滑区摩擦副材料不同对工作性能没有多大的影响,在混合润滑区对工作性能却有较大的影响,主要体现在材料的粗糙度、弹性模量. 纸质材料由于弹性模量小,微凸体的变形,导致接触面积增加,造成混合润滑区域相对较窄,微凸体参与传递转矩的能力较弱. 铜质由于较大的弹性模量导致微凸体不易变形,微凸体参与传递转矩的能力较强,混合润滑区域相对较宽,即便在同步转速条件下,摩擦副仍工作在混合润滑状态. 因此对于重载、又要求结构相对较紧凑的粘性调速离合器,宜采用铜质材料作为摩擦副垫基材料,而对于轻载,则采用纸质材料为宜.

4.6.3 粘性流体特性

流体特性无论是在润滑区还是在混合润滑区,对粘性调速离合器工作特性都有着很大的影响. 牛顿流体与幂率流体相比较,由于幂率流体的粘度随剪切率的增加而减小,因此形成的动压要比牛顿流体小,导致推进压力相对较小. 同时传递的转矩也比牛顿流体小. 因此在一定的传递转矩条件下,要比牛顿流体提前进入混合润滑区.

流体在润滑区工作,由于剪切形成的热对流体粘度有减低作用,导致推进压力与传递转矩下降. 但随相对转速的降低,热效应减少. 这与 Jang J. Y. 等人的分析一致[18]. 通常在混合润滑区,传递转矩和相对转速都很小时可以略去热的影响.

当粘性调速离合器工作在 1 500 r/min 以上,惯性项对粘性调速的影响要考虑,低于该转速则可以忽略.

4.6.4 外负荷

粘性调速离合器的工作特性与外负荷有着很大的关系,外负荷的特性往往会决定调速离合器的调速性能.以风机为例,即其传递转矩与转速平方成正比,对于纸质摩擦副来说,此时粘性调速离合器的调速过程涉及润滑区,混合润滑区,直到直接接触.对于铜质摩擦副来说,此时粘性调速离合器的调速过程涉及润滑区,混合润滑区.推进压力通常由摩擦副之间的流体的压力与微凸体压力之和来平衡,随着传递转矩的增加所需的推进压力提高,当表面粗糙度的微凸体参与转矩传递时会导致推进压力降低,相对转速减小使动压消失,则推进压力再次提高以满足传递转矩的需要.对于弹性模量较大的微凸体,在整个调速过程中,即使是到同步转速,处于混合润滑状态,此时动压还存在(即使没有相对运动,由于高速回转,有惯性项的存在,也会产生动压),因此推进压力递减,不会再次升高了.在高速重负荷的条件下,则热影响要加以考虑.输出转速越大、传递转矩越大,就会较早地进入混合润滑状态.

第五章 粘性调速离合器模糊控制分析与控制器设计

前几章讨论了液体粘性调速离合器工作机理的研究模型,推导了适应其摩擦副运行的数学方程组,并采用数值方法进行了计算,得到了相应的结果.本章将在此基础上,讨论其控制特性、控制方法以及控制的实现.鉴于模糊控制的发展与应用已有三十多年的历史,并有成功的应用先例,因此也将讨论尝试采用模糊技术来完成控制器的设计.

5.1 粘性调速离合器的动态分析

5.1.1 粘性调速离合器的动态模型

在设计模糊控制器前,首先需要对粘性调速离合器进行经典的动态分析,以便了解其动态特性,为设计提供所需的认知.采用经典的方法研究液体粘性调速离合器的动态性能,首先应建立其控制模型.作者将基于文献[2]的动态分析方法,并加以拓展来分析粘性调速离合器的动态特性.假设液体粘性调速离合器主、被动摩擦片之间的切应力 τ 和主动摩擦片角速度 ω_1、被动摩擦片输出角速度 ω_2、油膜动力粘度 μ、油缸平均推进压力 p_1 有关,其函数表达式为:

$$\tau = F_1(\mu, \omega_1, \omega_2, p_1) \qquad (5-1)$$

则液体粘性调速离合器的输出转矩:

$$T = n\int_{r_1}^{r_2} 2\tau\pi r^2 \mathrm{d}r = n\int_{r_1}^{r_2} 2F_1(\mu, \omega_1, \omega_2, p_1)\pi r^2 \mathrm{d}r \qquad (5-2)$$

其中:n 为摩擦面数;r_1,r_2 分别为摩擦面内、外半径;r 为摩擦面半径积分变量.

为了简化分析,基于上一章的分析,在实际工作时,可忽略油膜中温度变化,则 μ 大致不变,ω_1 为电动机角速度相同,保持恒速不变,因此输出转矩式(5-2)中 T 可表示以 ω_2、p_1 为变量函数:

$$T = F_2(p_1, \omega_2) \tag{5-3}$$

我们称式(5-3)为液体粘性调速离合器的外特性表达式,即建立油缸平均推进压与传递转矩、平均推进压力、输出转速的关系.

文献[2]提供了实验数据的图表,由图 5.1 所示.图中 $p_{11} > p_{12} > p_{13} > p_{14}$,可见在同一输出转速下推进压力增加可以提供相对较高的传递转矩,该实验图形与本文第四章的理论分析研究相吻合.图形表明粘性调速离合器外特性往往是非线性的,因此为了便于分析,需要作线性的简化.假设在其工作区域的任一点 a 上按增量线性化方法,获得液体粘性调速离合器在该点附近的线性化数学模型,并进行动态分析.具体方法是把函数 $T = F_2(p_1, \omega_2)$ 在任意一点 a 按泰勒级数展开[75],略去二阶无穷小,可得:

$$\Delta T = \frac{\partial F_2}{\partial p_1} \Delta p_1 + \frac{\partial F_2}{\partial \omega_2} \Delta \omega_2 \tag{5-4}$$

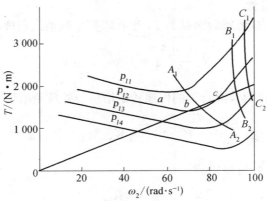

图 5.1 粘性调速离合器外特性曲线

其中：$\Delta T = T - T_a$；$\Delta p_1 = p_1 - p_a$；$\Delta \omega_2 = \omega_2 - \omega_{2a}$

令：

$$K_{pa} = \left. \frac{\partial F_2}{\partial p_1} \right|_{p_1 = p_{1a}, \, \omega_2 = \omega_{2a}} \qquad (5-5)$$

$$K_{\omega a} = \left. \frac{\partial F_2}{\partial \omega_2} \right|_{p_1 = p_{1a}, \, \omega_2 = \omega_{2a}} \qquad (5-6)$$

所以式(5-4)可以写成

$$\Delta T = K_{pa} \Delta p_1 + K_{\omega a} \Delta \omega_2 \qquad (5-7)$$

其中 K_{pa} 为 a 点的转矩压力增益，$K_{\omega a}$ 转速增速.

另一方面对于外负荷来说，可以认为负载转矩 T_f 与转速 ω_2 的函数关系为 $T_f = F_3(\omega_2)$，将其在 a 点展开，略去二阶无穷小，可得在 a 点的负载系数：

$$\Delta T_f = \frac{\partial F_3}{\partial \omega_2} \Delta \omega_2 = K_{ma} \Delta \omega_2 \qquad (5-8)$$

其中：$\Delta T_f = T_f - T_{fa}$，$T_{fa}$ 为 a 点的负载转矩；$K_{ma} = \left. \dfrac{\partial F_3}{\partial \omega_2} \right|_{\omega_2 = \omega_{2a}}$，为

a 点的负载系数.

此时，若外负载的转动惯量为 J，则有根据牛顿第二定理：

$$J \frac{\mathrm{d}\Delta \omega_2}{\mathrm{d}t} + K_{ma} \Delta \omega_2 = \Delta T \qquad (5-9)$$

由于粘性调速离合器的传递转矩增量与外负荷增量平衡，则有

$$J \frac{\mathrm{d}\Delta \omega_2}{\mathrm{d}t} + K_{ma} \Delta \omega_2 = K_{pa} \Delta p_1 + K_{\omega a} \Delta \omega_2 \qquad (5-10)$$

进行拉氏变换，可以得到

$$\frac{\Delta \omega_2}{\Delta p_1} = \frac{K_{pa}}{Js + (K_{ma} - K_{\omega a})} \qquad (5-11)$$

粘性调速离合器的调速是采用电液比例阀来执行的,而电液驱动系统可简化等效为一个一阶惯性环节[2],其增量传递函数为:

$$\Delta p_1 = \frac{K_1}{T_1 s + 1} \Delta U \qquad (5-12)$$

其中:ΔU 为输入给定信号增量;K_1 为电液驱动系统的放大倍数;T_1 为电液驱动系统的时间常数;Δp_1 是电液比例溢流阀调节的压力增量.

根据经典的自动控制原理我们可以得到系统在任意一点 a 的增量传递函数

$$G(s) = \frac{\Delta p_1}{\Delta U} \cdot \frac{\Delta \omega_2}{\Delta p_1} = \frac{\Delta \omega_2}{\Delta U} = \frac{K_{pa} K_1}{(Js + K_{ma} - K_{\omega a})(T_1 s + 1)}$$

$$(5-13)$$

液体粘性调速离合器在 a 点的控制方框图由图 5.2 所示.

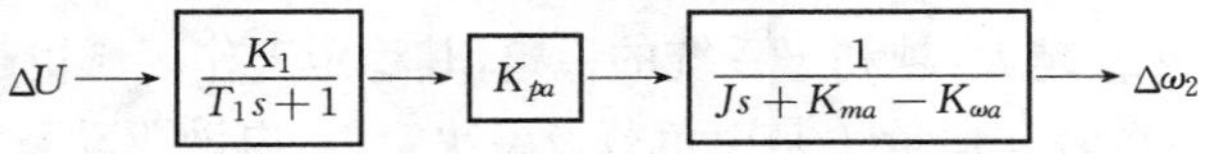

$$\Delta U \longrightarrow \boxed{\frac{K_1}{T_1 s + 1}} \longrightarrow \boxed{K_{pa}} \longrightarrow \boxed{\frac{1}{Js + K_{ma} - K_{\omega a}}} \longrightarrow \Delta \omega_2$$

图 5.2 液体粘性调速离合器在 a 点的控制方框图

式(5-13)为任一工作点,只要代入不同工作点的值 K_{pa}、K_{ma}、$K_{\omega a}$,即可得液体粘性调速离合器在不同工作点的增量传递函数. 根据劳斯稳定判据,要使系统任一点 a 点稳定,则要求

$$K_{ma} - K_{\omega a} > 0 \qquad (5-14)$$

若采用速度反馈的闭环系统,则闭环系统的传递函数

$$G_B(s) = \frac{G(s)}{1 + K_f G(s)}$$

$$= \frac{K_1 K_{pa}}{JT_1 s^2 + (J + (K_{ma} - K_{\omega a})T_1)s + (K_{ma} - K_{\omega a} + K_f K_{pa} K_1)}$$

$$(5-15)$$

其中：K_f 为反馈增益. 根据劳斯稳定判据, 稳定的要求是

$$\begin{cases} K_{\omega a} - K_{ma} < J/T_1 \\ K_{\omega a} - K_{ma} < K_1 K_{pa} K_f \end{cases} \qquad (5-16)$$

由于 J/T_1, $K_1 K_{pa} K_f$ 均大于零, 因此可以认为只要系统在点 a 上开环稳定, 那么闭环一定也稳定. 若在点 a 上开环不稳定, 那么合理地选取使系统参数满足式(5-16)达到闭环稳定. 由于 a 点是任取的, 在采用闭环控制后, 引入了反馈增益, 只要 K_1 取得合适; 又因为可以认为 T_1 相对比较小, 而 J/T_1 远大于零; 这两个条件就拓展系统稳定的工作区域. 下面分析系统各参数对稳定工作区域的影响：

(1) 转矩转速增益 $K_{\omega a}$ 是液体粘性调速离合器本身的特性参数, 由式(5-14)和式(5-16)可知, $K_{\omega a}$ 越小, 越利于系统的稳定. 在整个工作区域, $K_{\omega a}$ 越小, 其稳定工作区域越大.

(2) 负载系数 K_{ma} 是负载类型的特性参数, 由式(5-14)和式(5-16)可知, K_{ma} 越大, 越利于系统的稳定, 其稳定工作区域也越大.

(3) 负载转动惯量 J 是由负载设备决定的. 电液驱动系统的时间常数 T_1 是系统本身的特性参数. 它们对液体粘性调速离合器开环稳定性没有影响, 转速闭环反馈时, 由式(5-16)可知, J 越大, T_1 越小, 将越有利于增大系统的稳定工作区域.

(4) 由式(5-16)可知, K_f 越大, 系统稳定工作区域越大.

5.1.2　粘性调速离合器的仿真分析

以第四章中的具体型号离合器为例, 根据计算获得其外特性见图 5.3. 以平均推进压力 0.25 MPa 为例根据式(5-5), (5-6)获得系数如表 5.1 所示. 由于外负载系数应大于零的, 则可以发现系统在润滑区应该是稳定的, 在混合润滑区系统是不稳定的, 其闭环是否稳定则要满足式(5-16). 值得注意的是, 若我们仅用动力润滑考虑系统工作原理的话, 就会得到该系统与外负载特性无关总是稳定的结论. 因为 $K_{\omega a}$ 小于零. 正是由于考虑了混合润滑, 微凸体对传递转矩的贡献,

使得在传递转矩的增加导致了系统在同步转速附近出现系统不稳定现象,其稳定与外负载有关了.

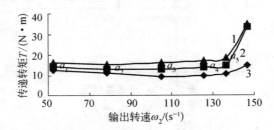

1. 平均推进压力为 0.3 MPa　　2. 平均推进压力为 0.25 MPa
3. 平均推进压力为 0.2 MPa

图 5.3　系统外特性曲线

表 5.1　特性系数表

	K_{pa}	$K_{\omega a}$
a_1	3.35×10^{-5}	$-0.065\,489$
a_2	3.85×10^{-5}	$-0.033\,48$
a_3	6.76×10^{-5}	$0.024\,699$
a_4	7.16×10^{-5}	$0.068\,854$
a_5	8.04×10^{-5}	$0.919\,182$

采用 MATLAB 仿真可以更清晰的了解系统稳定的特性.若电液比例阀的比例参数为 636400,时间参数 0.15[76],系统转动惯量 10,负载特性系数 0.056,则点 a_2 处无论是开环还是闭环系统总是稳定的,所不同的是稳定性能指标有区别.图 5.4 为闭环控制框图,其仿真结果如图 5.5 所示.

同理,可以考察点 a_5 的状况,若是开环系统见图 5.6(a),图 5.7(a),系统不稳定,若采用闭环控制系统就处于稳定状态见 5.6(b),图 5.7(b).

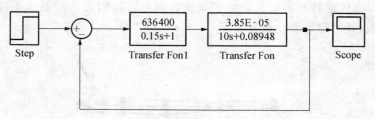

图 5.4 a_2 点仿真框图

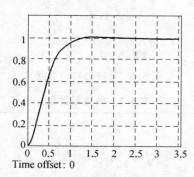

图 5.5 a_2 点仿真框图的仿真结果

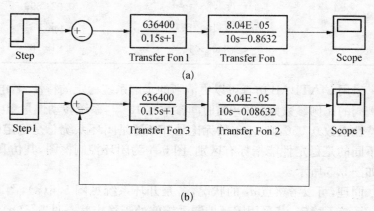

图 5.6 a_5 点仿真框图

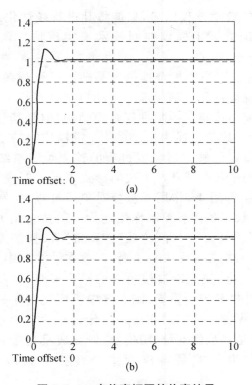

图 5.7 a_5 点仿真框图的仿真结果

仿真结果基本证实了理论上的推断,在润滑区域调速,系统可以在稳定的状态下工作.若在混合区那么就需要采用闭环反馈系统,根据外负荷的特点,合理选择系统的参数可以做到稳定的调速与在某一速度下稳定的工作.

5.2 粘性调速离合器系统的模糊控制与控制器设计

上节简单介绍了粘性调速离合器的调速稳定性分析,由于粘性调速离合器属于非线性系统,传统的稳定系统分析方法就很难用精确的数学方程描述,只能将其进行线性化近似来完成.本节主要讨论尝试用模糊控制技术来实现粘性调速离合器的控制.

模糊控制是以模糊集合理论为基础的一种新兴的控制手段,它是模糊系统理论和模糊技术与自动控制技术相结合的产物.值得指出的是模糊控制的控制进程是模糊的,但是其理论与方法则是精确的,是以数学描述为基础的[77].模糊控制的基本思想是把人类专家对特定的被控对象或过程的控制策略总结成一系列以"IF(条件)THEN(作用)"产生式的形式表示控制规则,通过模糊推理得到控制作用集,作用于被控对象或过程.控制作用集为一组条件语句,状态条件和控制作用均为一组被量化了的模糊语言集,如"正大"、"负大"、"高"、"低"、"正常"等.模糊控制器是把人的操作经验归纳成一系列的规则,存放在计算机中,利用模糊集理论将其定量化,使控制器模仿人的操作策略,用模糊控制器组成的系统就是模糊控制系统,图 5.8 中模糊规则库是系列控制规则的知识;模糊推理机实时评估采用什么样的规则将输入映射到输出;模糊器是将数值变量(精确值)转化成模糊量集合以便使用模糊规则;解模糊器是将模糊集合转换成数值变量去实现控制[78,79].

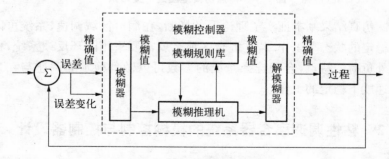

图 5.8　模糊控制系统框图

模糊控制器设计的内容主要包括模糊变量、隶属度函数、推理规则以及解模糊器的选择与设计. 在大量的控制领域问题中,消除被控对象或被控过程的输出偏差问题,是相当普遍的一大类控制问题. 仿照人控制这类问题的经验,设计简单的模糊控制器的结构,一般选择的输入变量为误差 E 及误差的变化 EC,输出变量为控制量 U,所以其构成的是一个二维模糊控制器.

5.2.1 模糊控制器的语言变量与其对应的数值变量

5.2.1.1 语言变量

对于粘性调速离合器的模糊控制器而言,选择误差 E,误差变化 EC 作为模糊输入变量;控制量 U 作为模糊输出变量,其对应语言变量及其论域定义如下:

E 的语言变量为:$\{NB, NM, NS, NO, PO, PS, PM, PB\}$;

EC 和 U 的语言变量均为:$\{NB, NM, NS, ZO, PS, PM, PB\}$.

误差模糊集 E 选取八个元素,区分了 NO 和 PO,主要是着眼于提高稳态精度.

5.2.1.2 隶属度函数

语言变量上的诸模糊集的隶属度函数是模糊技术应用于实际问题的基础,正确构造隶属度函数是能否用好模糊集合的关键,而隶属度函数的确定是个难题. 由于模糊技术在粘性调速离合器上的应用属于尝试阶段,尚没有很好的经验,考虑到高斯型模糊变量在描述人进行控制活动时的模糊概念相对比较适宜,所以采用该类隶属度函数来作为输入模糊变量、输出模糊变量的隶属度函数. 语言变量的模糊集的隶属度函数由图 5.9 表示.

5.2.1.3 数值变量

与语言变量相对应的数值变量以及论域定义为:

误差论域 XE 和误差变化论域 XEC 均为:$\{-6, -5, -4, -3, -2, -1, 0, 1, 2, 3, 4, 5, 6\}$;

控制量的论域 YU 论域为:$\{-7, -6, -5, -4, -3, -2, -1,$

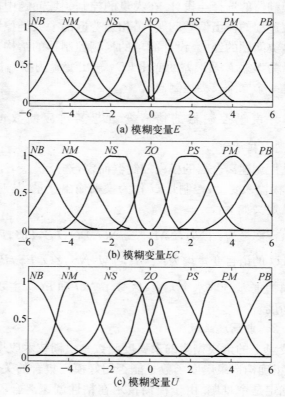

图 5.9　输入输出的模糊图变量

$0,1,2,3,4,5,6,7\}$.

　　考虑到在对应的数值变量论域选择时,因为通常的语言变量词集多半选为七个或八个,为了确保诸模糊集能较好地覆盖于数值变量论域,避免出现失控现象,一般数值变量中所含元素个数应为模糊语言词集总数的二倍以上.

　　5.2.1.4　模糊变量表

　　根据上述的语言变量、隶属度函数及数值变量,将可生成模糊变量 E, EC, E 的赋值表,见表 5.2,表 5.3,表 5.4.

表 5.2　模糊变量 E 的赋值表

	−6	−5	−4	−3	−2	−1	−0	+0	+1	+2	+3	+4	+5	+6
PB	0	0	0	0	0	0	0	0	0	0	0.1	0.4	0.8	1.0
PM	0	0	0	0	0	0	0	0	0	0.2	0.7	1.0	0.7	0.2
PS	0	0	0	0	0	0	0.3	0.8	1.0	0.5	0.1	0	0	0
PO	0	0	0	0	0	0	0	1.0	0.6	0.1	0	0	0	0
NO	0	0	0	0	0.1	0.6	1.0	0	0	0	0	0	0	0
NS	0	0	0.1	0.5	1.0	0.8	0.3	0	0	0	0	0	0	0
NM	0.2	0.7	1.0	0.7	0.2	0	0	0	0	0	0	0	0	0
NB	1.0	0.8	0.4	0.1	0	0	0	0	0	0	0	0	0	0

表 5.3　模糊变量 EC 的赋值表

	−6	−5	−4	−3	−2	−1	0	+1	+2	+3	+4	+5	+6
PB	0	0	0	0	0	0	0	0	0	0.1	0.4	0.8	1.0
PM	0	0	0	0	0	0	0	0	0.2	0.7	1.0	0.7	0.2
PS	0	0	0	0	0	0	0	0.9	1.0	0.7	0.2	0	0
ZO	0	0	0	0	0	0.5	1.0	0.5	0	0	0	0	0
NS	0	0	0.2	0.7	1.0	0.9	0	0	0	0	0	0	0
NM	0.2	0.7	1.0	0.7	0.2	0	0	0	0	0	0	0	0
NB	1.0	0.8	0.4	0.1	0	0	0	0	0	0	0	0	0

表 5.4　模糊变量 U 的赋值表

	−7	−6	−5	−4	−3	−2	−1	0	+1	+2	+3	+4	+5	+6	+7
PB	0	0	0	0	0	0	0	0	0	0	0	0.1	0.4	0.8	1.0
PM	0	0	0	0	0	0	0	0	0	0.2	0.7	0	0.7	0.2	0
PS	0	0	0	0	0	0	0	0	0.4	1.0	0.8	0.4	0	0	0
ZO	0	0	0	0	0	0	0.5	1.0	0.5	0	0	0	0	0	0
NS	0	0	0	0.1	0.4	0.8	1.0	0.4	0	0	0	0	0	0	0
NM	0	0.2	0.7	1.0	0.7	0.2	0	0	0	0	0	0	0	0	0
NB	1.0	0.8	0.4	0.1	0	0	0	0	0	0	0	0	0	0	0

5.2.2 控 制 规 则

模糊规则的形成有四条基本途径：依据专家经验和知识；对操作者的控制行为建模；对过程进行建模；自组织[80]. 我们采用自组织方法来确定控制规则，根据最小推理机原理实现其系统的模糊控制规则[77]，该控制规则由表 5.5 所示.

表 5.5　控制规则表

	NB	NM	NS	ZO	PS	PM	PB
NB	PB	PB	PB	PB	PM	ZO	ZO
NM	PB	PB	PB	PB	PM	ZO	ZO
NS	PM	PM	PM	PM	ZO	NS	NS
NO	PM	PM	PS	ZO	NS	NM	NM
PO	PM	PM	PS	ZO	NS	NM	NM
PS	PS	PS	ZO	NM	NM	NM	NM
PM	ZO	ZO	NM	NB	NB	NB	NB
PB	ZO	ZO	NM	NB	NB	NB	NB

5.2.3 实际物理量控制表

根据粘性调速离合器调速的特点，假设误差 E 的实际论域 $[-39.58, +39.58]$rad/s，误差变化 EC 的实际论域为 $[-6.28, +6.28]$rad/s^2，控制实际论域为$[0, 5]$V. 相应的量化因子 $K_E = n / x_E \approx 0.15$；误差变化的量化因子 $K_{EC} = m/x_{EC} \approx 0.96$；控制量的比例因子 $K_u = y_U/l \approx 0.36$.

实际压力是通过电液比例阀来确定的，由于电液控制阀的控制电压变化是$[0, 5]$，没有负的，因此假设正常工作点时，控制电压为 2.5 V. 因此实际控制的表为 5.6 所示.

表 5.6　实际物理量的控制规则表

e ＼ u ＼ e	6.28	5.23	4.19	3.14	2.10	1.05	0.000	−1.05	−2.10	−3.14	−4.19	−5.23	−6.28
39.58	5	4.64	5	4.64	5		5	3.93	3.93	3.21	2.5	2.5	2.5
32.99	4.64	4.64	4.64	4.64	4.64	4.64	4.64	3.93	3.93	3.21	2.5	2.5	2.5
26.39	5	4.64	5	4.64	5		5	3.93	3.93	3.21	2.5	2.5	2.5
19.79	5	4.64	4.64	4.64	4.64	4.64	4.64	3.57	3.21	2.5	2.14	2.14	2.14
13.19	3.93	3.93	3.93	4.29	3.93	3.93	3.93	2.86	2.5	2.5	2.14	2.14	2.14
6.600	3.93	3.93	3.93	4.29	3.93	3.93	2.86	2.5	2.5	2.5	1.43	1.79	2.14
0	3.93	3.93	3.93	4.29	2.86	2.86	2.5	2.14	2.14	2.14	1.07	1.07	1.07
0	3.93	3.93	3.93	4.29	2.86	2.86	2.5	2.14	2.14		1.07	1.07	1.07
−6.60	3.21	3.21	3.21	3.21	2.5	2.5	2.14	1.07	1.07	1.43	1.07	1.07	1.07
−13.19	2.86	3.21	2.86	3.21	2.5	1.43	1.07	1.07	1.43	1.07	1.07	1.07	
−19.79	2.5	2.5	2.5	2.5	1.43	1.43	0.36	0.36	0.36	0.36	0.36	0.36	0.36
−26.39	2.5	2.5	2.5	1.79	1.07	1.07	0	0	0	0.36	0	0.36	0
−32.99	2.5	2.5	2.5	1.79	1.07	1.07	0.36	0.36	0.36	0	0.36	0	0.36
−39.58	2.5	2.5	2.5	1.79	1.07	1.07	0	0	0.36	0		0.36	

实际操作时,把表输入到控制芯片内,通过查表来实现模糊控制.

5.2.4　MATLAB 仿真

利用 5.1 节的模型与参数采用 MATLAB 对粘性调速离合器控制特性作仿真实验,观察其工作特性. 由图 5.10,图 5.11 所示[80].

可以发现采用模糊控制后系统是稳定的. 其中加减号是因为模糊控制的反馈输入为正时成立.

图 5.12 给出了对应于同一个模糊控制模型(图 5.10),同样的规则下,各模糊变量具有不同隶属度函数时,对控制特性的影响. 从图中可以发现不同的隶属度函数具有不同的控制效果,对于一般控制

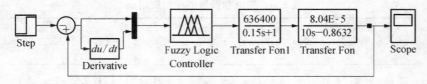

图 5.10 模糊控制模型

精度而言,区别不是很显著.但是在时间响应仿真的图中可以发现,在进入稳态过程中,模糊变量的中间几个模糊集隶书度函数的确定将会对时间响应起较大的作用.

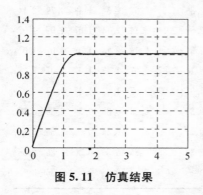

图 5.11 仿真结果

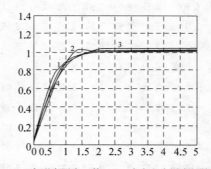

1. 三角形隶属度函数, 2. 自定义隶属度函数
3. 高斯修正形隶属度函数, 4. 高斯形隶属度函数

图 5.12 不同隶属度函数对控制特性的影响

5.3 粘性调速离合器系统模糊控制技术的实现

粘性调速离合器的调速控制将应用模糊控制技术,采用全数字化来开发研制调速控制器硬件.其主要功能具有:根据设定的转速比实行调速与稳态工作控制;具有简单的编程和程序控制功能;留有接口可以与上位机通讯.

实现控制的主要器件有:电液比例溢流阀,模糊控制器系统,反馈速度传感器.所需要的速度有人为通过控制系统的输入界面设定,控制器将反馈速度传感器所测得的速度输入与设定的比较并进行模糊推理,然后由模糊控制器输出,调整比例阀的输入电压,由比例阀输出相应的压力控制离合器的输出转速[99].

5.3.1 模糊控制系统的硬件构成

根据模糊控制的要求,模糊控制器系统的硬件结构包括以下几个部分,见图 5.13,各部分的功能如下:

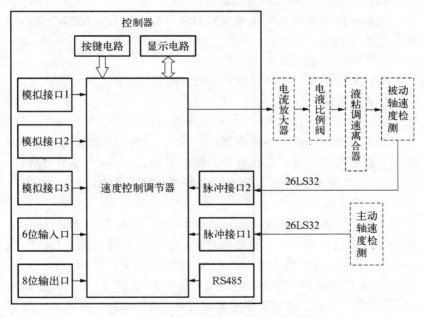

图 5.13 液体粘性调速离合器控制系统

（1）速度控制调节器

包括单片机 AT90S8515、模数转换器 AD7888、门阵列 EPM7128、串行通讯接口 MAX488 主要功能为：将采样到的模拟信号进行转换,变成单片机可以接受的数字信号;读取通用输入接口的电平信号并处理;对数字编码器信号累加（位置信号）并读取;分析所有读取的数据并进行处理、运算;将计算结果通过 PWM 方式输出等.

（2）人机界面电路

显示电路（16×4 液晶模块）可显示压力、温升、速度、功率、故障
等;按键电路（按键及扫描接口）包括,数字键、功能键;

（3）模拟接口部分

包括温度信号（热电阻）专用接口电路;上电复位电路;数据存储
器 FLASH;PWM 数字信号转换为模拟信号电路;

（4）通用输入/输出口电路部分

包括 6 路通用光耦隔离输入接口和 8 路集电极开路输出接口;8
路集电极开路输出接口;

（5）编码器接口部分

包括被动轴编码器接口和主动轴编码器接口;

（6）电源部分

交流高压信号转换为＋5 V 控制电源;负电源－5 V 形成电路.

速度控制调节器的硬件主要由单片机、门阵列电路组成,软件则
由用户程序组成主要是完成整个系统的采样,协调各个环节,模糊控
制查询等. 其原理图由图 5.14 所示,.各部分的功能为:

（1）单片机

本系统选用了 ATEML 公司的 AT90S8515 芯片. 该产品是由
ATMEL 公司推出了 90 系列单片机,它采用了增强的 RISC 内载
Flash,简称为 AVR 单片机. 其功能方面具有如下三个特点：一是在
速度上,新的精简指令 RISC 这种结构是在 20 世纪 90 年代开发出来
的,它是综合了半导体集成技术和软件性能的新结构,在 8 位微处理
器市场上这种结构可使得 AVR 单片机通过在一个时钟周期内执行
一条指令,取得接近 1 MIPS/MHz 的性能,从而使设计人员可以在
功耗和执行速度之间取得平衡;二是数据传送上,为了对目标代码大
小、性能及功耗的优化,AVR 单片机采用了大型快速存取寄存器文
件和快速单周期指令,用 32 个通用工作寄存器代替累加器,从而可以
避免传统的累加器和存储器之间的数据传送造成的瓶颈现象;三在

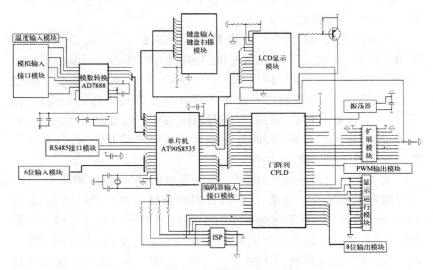

图 5.14　速度控制调节器原理图

结构上,AVR 单片机采用了 Harvard 结构,故它们的程序存储器和数据存储器是分开的,可直接访问 8 M 字节程序存储器和 8 M 字节数据存储器. 寄存器文件被双向映射,并能被访问,如片内允许快速上下转换的那部分 SRAM 存储器. 正是由于它的这些特殊结构,使该器件非常适用于实时控制的应用.

（2）门阵列

微处理器、存储器和数字逻辑是当前数字集成电路的三大领域,随着电子设计自动化技术和半导体微细加工技术的不断进步,数字逻辑的实现逐渐由采用中小规模的标准通用集成电路,向采用面向用户的专用集成电路（简称 ASIC）过渡. 可编程逻辑器件（简称 PLD）是 ASIC 的一个重要分支,它可以分为现场可编程门阵列 FPGA 和复杂可编程逻辑器件 CPLD 是两种大容量可编程逻辑器件,采用 FPGA 或 CPLD 不仅是电子技术发展的必然趋势,一方面提高了系统集成度以及系统可靠性与稳定性,另一方面简化了设计工作,加快了设计速度,降低了系统造价,是衡量产品技术先进性和竞争力的一个重要标志[102].

本系统采用 ALTERA 公司 EPM7128S,84 个引脚. 采用可编程逻辑电路实现的功能有:主从电机的速度检测,即将编码器的脉冲信号通过倍频、鉴相转化为 8 位或 12 位的数据,由单片机定时中断读取;片选控制;11 位输出信号锁存;PWM 生成都可由此芯片完成. 采用 PLD 设计数字系统. 采用门阵列设计电路,不仅可以大大减少元器件数量,使产品成本降低,而且还能大大加快产品开发速度,减少样机的制作成本及周期.

为了实现对转速的实时控制,提高系统的整体性能,降低对 CPU 实时数据采集运算的要求,由 CPLD 对两路脉冲分别进行倍频、鉴相和加减计数,CPU 只需在每次定时中断控制程序中通过总线读取数值(位置值)即可,通过简单的除法运算和当量转换,即可得到与转动轴对应的转速,这样就大大减少了 CPU 的工作量,降低了在器件选择过程中对 CPU 性能指标的要求.

CPLD 可完成六个片选信号,分别为对主动轴编码器脉冲信号的数据读取、对被动轴编码器脉冲信号的数据读取、对应 PWM 脉宽的数字写入、数字量输出口的锁存片选、液晶显示器的片选以及数模转换器的读写片选.

在实际使用过程中,为了使用户能了解在控制过程中的一些状态,并可根据状态的不同来控制外部设备的运行或停止. 因此,在硬件结构设计中预留了 11 个输出信号,其中八个作为通用的输出由光耦隔离输出,另外三个作为专用的控制信号用于以后的功能扩展. 这 11 位输出信号由 CPU 通过数据总线送出并锁存,锁存功能由 CPLD 完成.

PWM,即脉宽调制功能是通过调整一个脉冲中占空比的大小,改变脉冲信号输出的有效值,其突出优点是即能提高控制精度,又能缩短控制时间,从而较好地解决控制精度和控制时间之间的矛盾,所以 PWM 控制方式被广泛的用于自动控制系统中[103]. 在实际应用系统中,通过 PWM 可以实现对开关型执行机构近似模拟量的控制,故在带有电动机,电磁阀等类似执行机构的控制系统中获得了极为广泛的应用.

LCD 显示控制由另外两位数据总线控制,亦由 CPLD 锁存输出,主要用于显示系统程序的运行状态,即系统就绪(READY)、系统运行(RUN)、系统故障(ERROR).另外还有一个指示灯用于指示控制电源(POWER),勿需由 CPU 控制.

（3）模数转换 AD7888

在本系统中,模数转换器主要用来将采样到的温度以及其他压力、流量等模拟信号转换为单片机能够处理的数字信号.按转换方式一般为双积分式和逐次逼近式两种.双积分式一般具有精度高,抗干扰性好,价格便宜等特点,但转换速度慢;逐次逼近式在精度、速度和价格上都比较适中.按接口形式有串行接口和并行接口两种形式,对于串行接口而言,其接口简单,但传输速度较慢.

由于模数转换器一般价格较高,串行接口的模数转换器一般要比并行接口的模数转换器便宜很多,在同类型中,考虑了价格因素和采购方便程度,故选择了性价比较高的串行接口模数转换器 AD7888.模数转换器 AD7888 是 AD 公司向中国市场主推的一款模数转换器,是一个基于逐次逼近模数转换器.它具有高速、低功耗的特点,12 位转换精度,采用 2.7 V～5.25 V 单电源工作,在 2 MHz 时钟频率时的通过率为 125 KSPS. AD7888 的输入采样/保持电路在 500 ns 内获取一个信号,采取单端采样方式.它包含 8 个单端模拟输入,从 AIN1～AIN8,每个通道的模拟输入从 0～VREF.此器件的全功率信号转换可达 3 MHz.

（4）人机界面电路

人机界面电路主要有显示电路与按键电路两部分组成.显示电路由 LCD 板、PCB 板、控制驱动电路组成.按键电路则是由键盘扫描电路来完成.

显示电路主要用于字符显示,其基本结构是在液晶板上排列着若干 5×7 或 5×10 点阵的字符显示位,每个显示位显示一个字符,从规格上分为每行 8,16,24,32,40,80 位,有一行、二行、四行三类. 基于成本及方便性考虑,本控制器选用 16×4 的点阵式液晶显示模块. 在运行过程中,该液晶显示模块用于显示各种监测参数、程序运行情况以及报警发生时所对应的报警内容;在参数、程序输入时,可以显示按键输入值、输入位置以及对应的输入内容或对象;在调试时还可监视输入、输出端口的状态.

按键模块中共有 38 个按键,包括数字键、功能键和菜单选择键.为了节约 CPU 的接口资源,由 5 行 8 列组成矩阵,采用扫描方式判断按键的位置. 5 行由 CPU 的 PB0～PB4 构成,8 列即为 CPU 的数据总线 D0～D7. 可先由 CPU 定时输出全低(D0～D7 全 0),读取 PB0～PB4 的值,判断有否按键输入,若有则转入按键判断子程序,通过扫描读取键值.

（5）模拟接口

模拟接口部分主要包括 PWM 的频压转换电路、模拟信号扩展模块接口.

控制器经过模糊控制算法运算,将运算结果通过门阵列形成与控制量成比例的 PWM 信号,由于 PWM 频率较高为 500 Hz,因此,可以简单地通过电阻和电容组成的滤波网络滤波为直流信号. 为了与电液比例阀放大器接口互连,采用增益可调整运算放大器和反相放大器这两个运放,不仅可以使输出电压幅值可调,而且可以保证其与电液比例阀放大器接口的阻抗匹配. 该接口主要用于今后的功能扩展. 它提供了三个模拟通道接口,通过插入不同功能的功能模块,可以对诸如压力、流量、风力、温度进行监测或控制.

（6）通用输入/输出口

通用输入/输出口电路包括六个带光电隔离的数字量输入通道和八个带光电隔离的数字量输出通道.

数字量输入通道一般接收+18 V～+30 V 标准的电平信号,为了避免外部信号的干扰,采取两级抗干扰保护措施,一是阻容滤波,二是光电隔离.采用电阻电容网络组成低通滤波器,可以阻挡高频干扰信号进入控制系统;采用双向光电耦合器,不仅可以使外部接口电源和内部控制电源隔离,起到抗干扰的效果,而且还可实现高/低电平有效信号的兼容以及二极管续流作用.

数字量输入通道采用集电极开路输出方式,为了避免外部电路的干扰,与数字量输入通道一样,也采取阻容滤波和光电隔离两级抗干扰保护措施.与输入口电路所用的双向光电耦合器不同,输出口电路采用具有推挽输出的光电耦合器,其射极和集电极的承受电压至少可高达 300 V,而且最大电流输出可达到 150 mA,完全能驱动一个继电器线圈.

(7) 编码器接口

编码器接口电路包括被动轴编码器接口和主动轴编码器接口,这两种接口电路完全相同,都属于差动信号输入接口.

AM26LS32 芯片是标准的四差分线接收器,输入阻抗至少为 6 kΩ,单电源 +5 V 工作电压,可选择的三态输出控制,共模电压范围和差动电压输入范围均在 +25 V 之间.其输入逻辑状态是用正负电压来表示的,即差分线接收器正端电压高于负端电压表示数据逻辑"1"或控制信号有效;差分线接收器正端电压低于负端电压表示数据逻辑"0"或控制信号无效,这与 TTL 以高低电平表示逻辑状态的规定不同.

同样,由于考虑到编码器一般来说与控制器的接口距离较远,在长线数据传送过程中容易受到外部电场或磁场通过电缆线对控制器的影响,为了抵抗外部干扰信号的输入,本编码器接口不仅采用前述的差动信号,而且每一路差动信号线均采用 T 型电阻电容网络滤波,该电路在实际应用中取得较为明显的抗扰效果.

(8) 电源部分

本控制器共需要两组电源,一组作为 +5 V 电源,专用于提供单片机、门阵列、模数转换器和其他逻辑控制芯片的工作电源,另外还

有其中一部分用于模拟运算放大器的正向工作电源;另一组为—5 V
电源,仅用于模拟运算放大器的负向工作电源.

为了方便用户,本控制器直接采用交流 220 V 作为电源的输
入,并通过内置的开关电源模块将之交流高压信号转换为+5 V
控制电源;负—5 V 电源则由+5 V 电源通过 DC‐DC 转换电路
形成.

采用 PS1000AC5SR‐1AA 开关电源模块完成交流 AC 到直流
DC 的转换.该模块具有较宽的电压输入范围,可在 AC120 V～265 V
之间正常工作,输出最大电流可以高达 1 A,印刷版焊接结构,完全能
满足一般控制电路对电源电流的要求.

为了防止外部交流输入电压的瞬间跳变,在输入电源相与相之
间和相与地之间均加了一个压敏电阻,在电压瞬间跳变时可以在短
时间内吸收过高的电压,从而起到保护电源模块的作用;在电源模块
输出级,也添加了一些必要的电源抗扰电路,如大容量电解电容和高
频电容,主要用于直流电源的滤波和高频干扰信号的吸收.

5.3.2　模糊控制系统的软件

系统的总体结构如图 5.15 所示,共由 11 个功能模块组成,它们
是:初始化模块、液晶显示模块、输出速度计算模块、输出速度转换模
块、输出速度显示模块、键盘扫描模块、设定速度输入模块、设定速度
转换模块、模糊控制运算模块、PWM 控制输出模块、读取编码器数值
模块.

所有程序采用 AVR 单片机汇编语言编写,编译后通过并行通信
下载线 AVR‐ISP 将 Intel 格式的 Hex 文件在 PonyProg 烧录软件环
境下写入芯片中的 Flash(原始汇编文件大小 27 kB 左右,编译后的
Hex 文件为 7 kB 左右,芯片的 Flash 有 8 kB).

人机对话主要是通过键盘和液晶显示来实现的,通过键盘输入
设定速度值、解除锁定;液晶显示器显示系统状态、输出速度以及输
入速度.

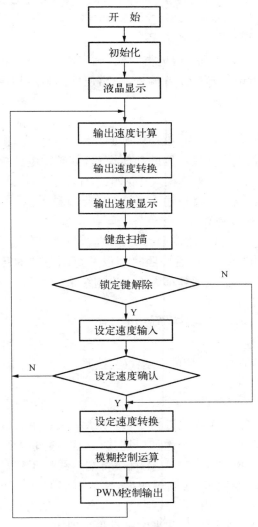

图 5.15　软件系统的结构

接下来详细分别介绍系统的各个模块及相关功能.

(1) 初始化

控制器供电后,单片机开始工作,程序自动加载. 系统正常工作之前,对调用的内部寄存器进行定义,确定键盘值查询表、模糊控制输出查询表的起始位置. 设置输入、输出速度的显示初值和计算初值为 0.

(2) 液晶显示

液晶显示有两屏画面,第一屏画面显示欢迎信息,第二屏画面显示各项参数. 首先设置显示器的功能模式,其驱动电路提供两种显示模式:① 两行、5×10 点阵模式;② 四行、5×7 点阵模式. 本系统采用第二种显示模式后,再逐一输入字符的数据以显示.

(3) 输出速度计算

系统每 16 ms 自动读取编码器数值后,与上次存储的数值进行相减获得转过的脉冲数,然后按照时间以及每圈总共的脉冲数计算获得每分钟的转速,上述运算都为十六进制结果.

(4) 输出速度转换

将上一步的计算结果转换成 BCD 码.

(5) 输出速度显示

根据 BCD 码查找对应的显示代码,按照个、十、百、千位逐一显示.

(6) 键盘扫描

在键盘中按键数量较多时,为了减少 I/O 口的占用,通常将按键排列成矩阵形式. 在矩阵式键盘中,每条水平线和垂直线在交叉处不直接连通,而是通过一个按键加以连接. 这样,通过两个端口 PA、PB 就可以构成 $5 \times 8 = 40$ 个按键,比直接将端口线用于键盘连接多出了近三倍,而且线数越多,区别越明显,比如再多加一条线就可以构成 48 键的键盘,而直接用端口线则只能多出一个键. 由此可见,在需要的键数比较多时,采用矩阵法来做键盘是合理的.

将行线所接的单片机的 I/O 口作为输出端,而列线所接的 I/O 口则作为输入端. 这样,当按键没有按下时,所有的输出端都是高电平,代表无键按下. 行线输出是低电平,一旦有键按下,则输入线就会被拉低,这样,通过读入输入线的状态就可得知是否有键按下了. 具体的识别如下:

判断键盘中有无键按下,可先将全部行线置低电平,然后检测列线的状态. 只要有一列的电平为低,则表示键盘中有键被按下,而且闭合的键位于低电平线与4根行线相交叉的4个按键之中. 若所有列线均为高电平,则键盘中无键按下. 在确认有键按下后,即可进入确定具体闭合键的位置. 其方法是:依次将行线置为低电平,即在置某根行线为低电平时,其他线为高电平. 在确定某根行线位置为低电平后,再逐行检测各列线的电平状态. 若某列为低,则该列线与置为低电平的行线交叉处的按键就是闭合的按键.

另外,由于机械开关动作时有抖动,所以需要在程序中加一个软件去抖动程序,它的工作原理如下:当单片机检测到有按键被按下后立即执行一个 10 ms 的延时程序,然后再在检测该引脚是否仍然为闭合状态,如果仍然为闭合,说明确认该键被按下,立即执行相应的处理程序,否则可能是干扰,丢弃这次检测结果. 其流程由图 5.16 所示.

(7) 锁定键解除

判断锁定键是否解除,如果没有则忽视键盘动作,不能更改已定速度值. 若解除锁定则可以进行输入操作.

(8) 设定速度输入

移动光标分别至个十百千位,输入 0~9 之间的数值,默认单位为转/分. 如果其中的一位被忽视而没有输入,系统自动赋 0 值.

(9) 设定速度确认

根据屏幕提示,当确认键动作后显示"!"表示设定成功,若是"?"则系统不予接受.

(10) 模糊控制运算

在完成速度设定之后,接下来进入模糊控制运算模块. 其算法流程如图 5.17.

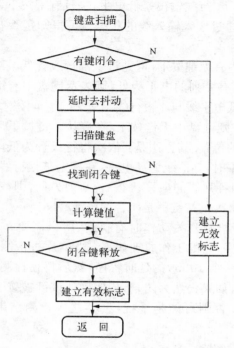

图 5.16　检测流程

在大量的控制领域问题中,消除被控对象或被控过程的输出偏差问题,是相当普遍的一大类控制问题.仿人控制这类问题的经验,设计简单模糊控制器的结构,一般选择的输入变量为误差 E 及误差的变化 EC,输出变量为控制量 U,因此它是一个二维模糊控制器.

(11) PWM 控制输出

通过模糊控制模块,运算后得到 PWM 控制二进制数值,送给可编程逻辑器件 CPLD,经由外围电路转换成电压值.

(12) 读取编码器数值

系统定时器每 16 ms 发出中断指令,读取编码器的数值 M_1,与上一次的读数 M_0 相减,计算得出在这段时间内转过的角度即可换算

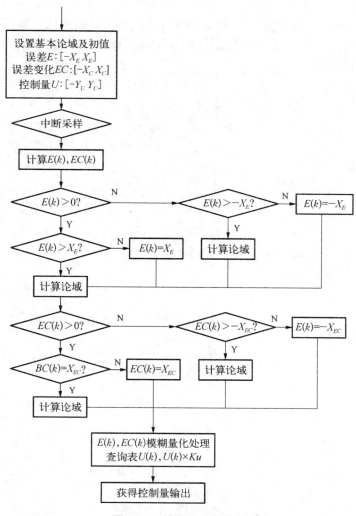

图 5.17　模糊控制计算图

成转动速度. 保存新的读数 M_1 替代上一次的读数 M_0, 如此往复循环, 监测输出的转速.

　　每次计算的转动速度都要经过滤波处理,具体方法是:考虑到转动速度不可能发生很大的突变,所以设定一个区间,每次计算的转动速度与上一次比较,若在设定区间内则认可;若超出设定区间则忽略该次读取值.

第六章　粘性调速离合器模糊
　　　　控制器试验

本章将主要讨论粘性调速离合器的速度反馈测试以及模糊控制器的试验.

6.1　控制器的速度检测

在第五章论述的基础上设计数字化模糊控制器,其主要功能采用速度反馈进行模糊控制.速度(角位)的检测方法通常有两种:一种是用旋转变压器(测速发电机),另一种是用编码器(光电型和磁电型)[97].利用旋转变压器(测速发电机)作为测速元件,它输出的是与速度成正比的模拟信号,需要通过模数转换才能与计算机系统连接.采用光电型或磁电型编码器作为测速元件,因为输出的是数字(脉冲)信号,可以方便地与计算机系统连接,在计算机控制系统中,得到较为广泛地应用.本实验采用的测速有两种速度传感器,磁传感器反馈与编码器速度反馈.

光电旋转编码器的基本原理是:在玻璃圆片四周圆弧上,通过光刻刻有很多均匀的黑色细条纹,在玻璃圆片两侧有一个发光二极管和一个光电接收器,发光二极管发出细长的光束通过玻璃圆片上无黑色细条纹部分时,就穿透透明玻璃,光电接收器接收到光束后,促使电子流流动,从而使输出三极管导通;如果发光二极管发出细长的光束通过玻璃圆片上黑色的细条纹部分时,光束就被挡住,光电接收器未接收到光束,就不能促使电子流流动,因而输出三极管不能导通,处于截止状态.所以当玻璃圆片旋转时,光束被玻璃圆片上的黑色细条纹部分不断切割,输出三极管一直处于导通和截止两种状态,当玻璃圆片旋转加快时,输出三极管导通和截止的频率也加快,反之亦然.因而输出三极管导通和截止的频率就同玻璃圆片的旋转速度成线性比例关系[100]:

$$f = \frac{P}{60} \times n \qquad (6-1)$$

其中,P 为旋转一周发出的脉冲数,n 为转速.

　　磁电编码器的基本原理是:当需要检测的转轴旋转时,与转轴同轴或不同轴的金属齿轮亦同时旋转,将磁性检测器件处于金属齿轮切线位置并有一定平行距离时,齿、齿间的介质(齿是金属,齿与齿的间距是空气)不同会使磁场发生变化,由于磁场的变化从而改变了感应电势的大小,将感应电势与设定值比较,就可以用其数值控制输出电路的导通和截止.因此,齿和齿间的变化频率就是输出电路的导通和截止频率,其公式与(7-1)相同,只是其中 P 为齿轮的齿数.

　　当采用磁电元件时,若令采样频率为 10^{-2},对准的齿轮齿数为60,即 $P = 60$,则最低测速为

$$n_{\min} = \frac{60}{P}f = \frac{60 \times 1}{60 \times 0.01} = 100(\mathrm{r/min})$$

　　即在 0.01 s 内读到的每一个脉冲代表 100 r/min,在不考虑其他因素的情况下,转速的测量精度为 100 r/min.要提高测量精度,必须降低采样频率或增加齿轮齿数 P.降低采样频率会影响采样速度的延时,对速度的波动不能及时有效地反映,达不到对速度实时控制的目的;齿轮齿数的增加可能受到机械结构等条件的限制,不可能有较为明显地改进.

　　当采用光电元件时,由于光电元件电气性能较好,传输速度和电平转换速度较快,而且在玻璃圆片上刻录上千条黑色均匀条纹完全可以实现,因而可以大大提高测量精度.选取每转条纹数为 2 500 根的光电编码器,同样采样频率,则最低测速为 $m_1 = 1$ r/min 时的转速

$$n_{\min} = \frac{60}{P}f = \frac{60 \times 1}{2\,500 \times 0.01} = 2.4(\text{r/min})$$

即在 0.01 s 内读到的每一个脉冲代表 2.4 r/min,这样就使采样精度大大提高了.

6.2　磁传感器反馈的调速控制器

采用单一磁性检测器件作为速度反馈的检测传感器,该传感器型号为 E2E - X1C1(OMRON),其为三线电感式磁传感器,响应频率:3 kHz;输出方式:常开、5~100 MA 电流输出;电源 10~30 VDC;探头直径:$\phi 5$ mm. 用标准的伺服驱动电机 GK6063 - 6AC31,输出转矩 11 N·m,额定转速 2 000 r/min,编码器反馈条纹数 2 500 个/r,作为速度输入来检测控制器的测速反馈系统. 同时利用由日本专业仪器制造厂 HIOKI 出品的示波器 8 850,来显示输出电压. 该示波器的主要特点就是能记录 1 200 个历史纪录,方便捕捉过程中的信号变化,并能够数字放大缩小,实现高速采样和全过程显示的兼顾. 它共有三个通道,每个通道可以通过更换接口,选择记录 8 路的数字信号或者一路的模拟信号.

采用该示波器或数字万用表是用来考察控制器对设定转速在不同实际转速条件下,经模糊算法后输出的电压是否按控制表(表 5.6)工作. 实验系统如图 6.1 所示.

控制器试验分两部分内容,分析速度反馈的检测是否正确,以及相对应的输出控制电液比例阀的电压是否合理. 图 6.2,图 6.3 分别是伺服电机在 500 r/min 与 1 000 r/min 时,由磁性检测器测得的转速统计图. 从图中可以发现在伺服电机输出为 500 r/min 时,出现概率最多的实测反馈速度为 406 r/min;以 50 个样本空间统计其测得的均值为 401.66 r/min. 可见其与实际转速的误差为 100 r/min,这与上一节的分析结果吻合. 对于转速相对较高时,其误差就会增加,图 6.3 中伺服电机输出为 1 000 r/min,出现概率最多的实测反馈速度为 812 r/min;以

图 6.1　磁性检测器作为速度反馈的试验系统

50 个样本空间统计其测得的均值为 809.68 r/min,其与实际相差 200 r/min,这是由于采样频率不变,转速增加,导致采样时间内读到的脉冲数误差所致,所以采用单一磁性检测器时,在高速测量时误差较大.

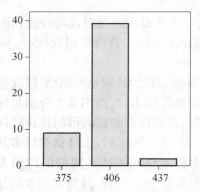

**图 6.2　500 r/min 时实测转速
与出现的频率**

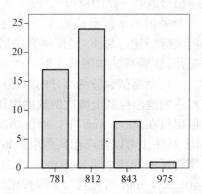

**图 6.3　1 000 r/min 时实测
转速与出现的频率**

6.3　编码器反馈的调速控制器

采用一编码器件作为速度反馈的检测传感器,该编码器型号为 01HFA－CODER,编码器反馈条纹数 2 500 个/r;电源电压:5 V;输出形式:方波输出.同样采用标准的伺服驱动电机,其性能指标同上,作为速度的输入来检测控制器的测速反馈系统,并利用示波器(型号,指标)或数字万用表考察控制器在不同转速条件下,经模糊算法后控制器输出的电压是否按控制表(表 5.6)工作,及是否达到设定转速的控制要求.实验系统如图 6.4 所示.

图 6.4　编码器的调速控制器试验环境

同样考察其测速的精度以及相对应的输出控制电液比例阀的电压是否合理.由图 6.5、图 6.6 可见,采用编码器作为速度检测有相对高的测量精度.对于设定转速为 500 r/min 时,测的转速均值为 494.86 r/min;对于设定转速为 1 000 r/min 时,测的转速均值为

993.6 r/min;而且其所测速度值的偏差也很小. 可见采用该类编码器具有很好的测量性能,但相对成本较高.

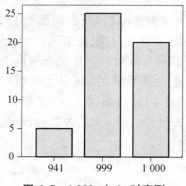

图 6.5　1 000 r/min 时实测
转速与出现的频率

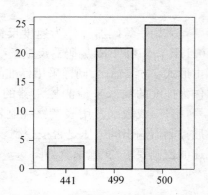

图 6.6　500 r/min 时实测转速
与出现的频率

　　根据转速的反馈,讨论在实测转速条件下,经控制器的模糊运算输出的控制电压,以达到实现控制目标(要求的转速). 表 6.1 给出了控制目标转速为 500 r/min,不同实测转速下经模糊控制器运算后的相应输出电压.

表 6.1　不同实测转速下的模糊控制器输出转速与输出电压

实际转速	100	200	300	400	500	600	700	800	900	1 000
控制器检测转速	97.2	195	292.8	390	474.2	572.4	659	756.4	877.8	973
控制器输出电压	3.95	3.96	3.52	2.12	1.85	1.58	0.52	0.52	0.52	0.52

　　以上表中控制器检测的转速与控制器输出的电压是几个测得数据的均值,因此与实际转速有一定的误差,同时误差也存在于转速的瞬时采样. 对于控制器的输出电压,基本满足表 5-6 的控制状态,但是值得指出的是其也存在一定的偏差,产生这种偏差的原因是由于速度检测误差导致未能对应相应的模糊集合,因此作出的模糊控制

推理产生了偏差. 由于实际的情况比较复杂,误差因素可能涉及硬件、软件运算、电压波动、运行平稳性,以及外界的振动等,这些都会影响控制器的检测与控制的精度. 但是总体来看该控制器的试验运行是在设计范围内,其检测与模糊运算是正确的. 而试验出现的误差恰好也反映了控制器性能提高的方向.

经过上几章的分析与仿真,以及控制器研制试验,笔者认为模糊控制技术可以作为非线性粘性调速离合器调速控制的方法,但要获得较高的调速精度仍需做许多研究工作.

第七章　主要结论与展望

7.1　主要结论

　　作者从粘性调速离合器的工作原理入手,采用流体润滑理论对粘性调速离合器进行了工作机理分析,在此分析的基础上,讨论了调速的稳定性,并进一步探讨了采用模糊技术在调速控制中的应用,完成了数字模糊控制器的研制与试验. 现将作者所做的工作以及获得的研究成果简要地归纳如下:

　　(1) 推导了适应粘性调速离合器工作机理解析的数学模型. 该数学模型纳入了摩擦副的表面几何特性(表面沟槽与表面粗糙度)、工作介质(润滑油的特性)、运行工况、热效应、惯性效应等各因素的影响. 该数学模型的建立为揭示粘性调速离合器的工作机理解析提供了理论基础.

　　(2) 采用 MATLAB 的编程语言,运用双重网格与交替方向迭代的综合计算方法,完成了数学模型的数值计算编程,为在微机上快速实现数值计算提供了一套应用程序. 该程序可在人工干预条件下,使复杂的问题可在很短的时间内(不超过 30 min)获得满意的解.

　　(3) 研究了摩擦副表面几何形状对粘性调速离合器工作性能的影响. 摩擦副若是理想光滑平行圆盘,不计表面粗糙度的影响,摩擦副之间的距离靠静压润滑隔离,并采用推进油缸平衡静压负荷来调节其摩擦副的距离,从而获得传递转矩,那么在调速过程中,有时为了在摩擦副中保持一定的流量,尤其在转速比很小时,会使摩擦副内的压力过大,同时加大了摩擦副的油缸推进压力[69]. 若摩擦副上开有各种形状的沟槽,使工作介质可以循环,一方面可以使其形成动压,另一方面可以使润滑油能带走工作中产生的热量.摩擦副表面开设沟槽后,推进压力是动压与静压的综合,当静压设定以后(相对理想光滑平行圆盘可以相应小一点),推进压力仅与动力效应有关,相对转速大,动力效应大,则推进压力也相应增大.在摩擦副表面开设沟槽是摩擦副设计的主流方向.

(4) 深入探讨了各种因数对摩擦副工作性能的影响:

● **摩擦副沟槽的形状、深度、宽度对摩擦副工作性能的影响** 经考察发现三角形、梯形和圆弧形的差别不很显著.按形成动压效应来看在润滑区梯形与圆弧形较接近,三角形相对较弱,但在混合区则相反.因此,若粘性调速离合器主要用于接近同步转速工作时,则拟考虑使用三角形沟槽.通常较宽的沟槽会形成较大的动压,宽度太窄不易形成动压效应,即使引起动压,其压力分布区域小峰值很大.槽深对动压形成有一个最优值,在摩擦副中,主要考虑的是要与摩擦副的厚度匹配,因为摩擦副厚度本身比较小,通常取 10^{-5} m 量级.对粘性调速离合器而言,工作负荷一样的条件下,动压效应直接反映了摩擦副所处的工作状况.动压效应大则对摩擦副工作在润滑状态有利.

● **摩擦副沟槽数量与角度对摩擦副工作性能的影响** 在一定的沟槽宽度条件下,摩擦副的沟槽数量越多动力效果越明显,若沟槽宽度一定时,太多反而会减少形成流体动压建立的面积从而影响动力润滑效果.通常取 8~12 条为宜.沟槽的角度虽然对流体动压有影响,但在一定的范围内其对流体动压的影响并不很大,通常可以在 $-30°~30°$ 内选择.

● **摩擦副表面贴附材料对摩擦副工作性能的影响** 摩擦副表面可以附有各种材料,常用的有纸质材料、铜质材料.摩擦副表面贴附材料对摩擦副工作性能的影响是通过摩擦副表面粗糙度来体现的,表面越粗糙,微凸体就越容易介入,此时对于不同材料,其弹性模量不同,所呈现的影响也不同.弹性模量的影响体现在传递转矩的大小,以及摩擦副的工作与调速区域.如对于铜质材料,其弹性模量大,微凸体参与接触时,接触压力就大,因此有较大的传递转矩. 对于一定的传递转矩,在调速过程中可以保持在动力润滑及混合润滑区工作,即使是同步转速,摩擦副工作仍在混合润滑区域工作. 对于纸质材料而言,弹性模量小,所以调速过程涉及动力润滑、混合润滑、边界润滑与直接接触,而且传递的转矩相对较小. 因此对于同样结构尺寸的粘性调速离合器,若传递转矩大,宜采用铜质材料.

● **工作介质对摩擦副工作性能的影响**　工作介质的粘度是主要影响因素,其与流体的特性和温度等有关. 比较牛顿流体与幂律流体可以发现由于幂律流体的粘度与剪切速率有关,所以对同样的相对转速,传递转矩能力要相对较小,所需的推进压力也相对较小. 当传递转矩、相对转速相同时,幂率流体作为工作介质会使摩擦副较早地进入混合区域工作. 对于同一流体,若传递转矩较大,相对转速变小,那么摩擦副就会较早地进入混合区或边界润滑区工作.

● **温度对摩擦副工作性能的影响**　温度影响主要在于相对转速,相对转速越大,则热影响越显著,当相对转速很小,即接近同步转速时,热效应不明显. 热效应主要是由于流体粘性剪切发热所致,所以相对而言,幂率流体的热效应要比牛顿流体的热效应要弱,因为在相对转速较高时粘度下降,粘性剪切发热较小. 在相对转速比较高又处在重负荷的条件下,则热影响应加以考虑.

● **惯性对摩擦副工作性能的影响**　惯性对摩擦副的影响并不是很大,通常当转速高于 1 500 r/min 时,才需要考虑惯性对摩擦副工作性能的影响. 小于 1 500 r/min 时,可以不计.

● **外负荷对摩擦副工作性能的影响**　外负荷的特性往往会影响调速离合器的调速性能. 对于纸质摩擦副来说,粘性调速离合器的调速过程可以涉及润滑区,混合润滑区,直到直接接触. 对于铜质摩擦副来说,此时粘性调速离合器的调速过程涉及润滑区,混合润滑区. 推进压力通常由摩擦副之间的流体压力、微凸体压力之和来平衡,随着传递转矩的增加所需的推进压力提高. 当表面粗糙度的微凸体参与转矩传递时会导致推进压力降低. 相对转速减小使动压消失,则推进压力再次提高以满足传递转矩的需要,此时已进入滑动摩擦的范畴.对于弹性模量较大的微凸体,在整个调速过程中,即使是到同步转速,仍处于混合润滑状态,此时动压还存在(即使没有相对运动,由于高速回转,有惯性项的存在,也会产生动压),因此推进压力递减,只要满足输出转矩的要求,则压力就有可能不会再次升高.

(5)基于摩擦副工作机理的分析,建立了控制分析模型,采用经典的近似线性分析方法与 MATLAB 对其进行了定量的分析与仿真,获得了稳定调速的需要条件.可以认为在润滑区,系统工作是稳定的.但是进入混合区以后,则系统的稳定不但与粘性调速离合器本身的参数有关而且还与外负荷有关.为了使设备在调速过程中具有稳定的工作特性,需要采用闭环控制系统.

(6)采用模糊技术建立了模糊控制系统,构造了模糊变量以及相应的模糊集,建立了与其相对应的实际控制变量,采用查表法来完成模糊逻辑推理运算,应用 MATLAB 进行了仿真,从理论上确立了模糊控制技术应用的可行性.

(7)对模糊控制器进行了设计,完成了以输出转速为反馈的调速控制器研制,并对其进行了实验研究与分析.得出了采用编码器作为速度反馈的精度要高于磁感应测速传感器;对于转速控制目标而言,其控制器的模糊推理输出在设计范畴之内,但与理想状态尚有一定的误差.

粘性调速离合器的调速机理与摩擦副的几何特性、表面贴附材料、运行工况等因素有关.而就其调速性能与工作稳定性而言,与外负荷、运行工况、控制技术等因素有关.

7.2 展 望

粘性调速离合器的研究已有了 30 余年的历史,产品日趋成熟.但要注意到这种成熟是与当时的相关学科与技术有关系.随着相关学科以及技术的发展,从提高该产品的特性,高科技附加值而言,对该产品的研究还有很多工作需要做,且主要体现在工作机理更进一步的解析,以及调速控制两个方面.

在机理解析方面,拟采用最新的润滑理论、摩擦学原理研究成果构造分析模型,可运用平均流量模型、GT 粗糙度模型以及油穴理论来进行分析,完成摩擦副工作机理的研究. 结合负载分析其系统的外特性,讨论分析液体粘性调速离合器在流体润滑、混合润滑、边界润滑、直至静摩擦,各阶段的调速特性. 这些分析可以解决摩擦副(包括材料,几何形状,表面形貌)的设计,选择工作介质,了解该产品对不同运行工况的适应程度.

在调速控制方面主要涉及非线性的控制方法,因为该产品控制特性属于非线性. 比较有效地解决方案是采用智能控制. 调速控制研究主要可以分为三个方面,控制原理与算法;控制的硬件;以及与上位机通讯受控. 模糊控制作为智能控制的一种解决方案,其控制原理与算法方面,应体现在如何更好地模拟人的控制思想,建立适合的调速控制变量、控制规则,而这些工作均有待于分析与实验. 控制硬件设计涉及到控制算法的应用,有成熟的理论,需要有相应的硬件去匹配. 反之,即使有再好的理论也没有用. 随着更新更廉价的数据信号处理器 DSP、模糊逻辑芯片为核心的专用模糊控制器的问世,选择最合适的控制系统的核心器件是实现模糊控制的关键. 粘性调速离合器可能单机工作或成组工作,所以需要与上位机通讯与受控,这样也需要研究成组运行控制等问题.

综上所述,粘性调速离合器的研发尚待完善,其功能与品质还需不断的创新与提升. 笔者仅做了些基础性的探索性工作.

参 考 文 献

1　董　勋，周益言. 调速离合器传动机理研究. 上海交通大学学报，1991；**25**(1):19 - 28

2　魏宸官，赵家象. 液体粘性传动技术. 北京：国防工业出版社，1996

3　杨乃乔，姜丽英. 液力调速与节能. 北京：国防工业出版社，2000

4　王步康. 粘性离合器设计及实验中的一些问题探讨. 煤矿机械，1998；**2**:15 - 16

5　郑志强，南玲玲. 液体粘性调速离合器及其特性参数设计. 开封大学学报，1999；**13**(2)：5 - 15

6　姜翎燕. 线性离合器允许软启动时间的确定. 煤矿机械，1999；**11**：8 - 11

7　孙忠池，彭锡文. 调速离合器控制系统分析. 唐山工程技术学院学报，1992；**3**:52 - 56

8　孙忠池，彭锡文. 调速离合器转速稳定性与控制系统设计. 唐山工程技术学院学报，1992；**1**：26 - 30

9　张淑娥，杨再旺. 调速型液体粘性离合器控制器的设计. 电力情报，1995；**4**：57 - 59

10　Fouad M. , Ghassan D. The twin disc omega clutch applied to marine gas turbine service. *Gas Turbine International*，1977；**7**：44 - 46

11　Shinichi Natsumeda，Tatsuro Miyoshi. Numerical simulation of engagement of paper based wet clutch facing. *ASME Journal of Tribology*，1994；**116**：232 - 237

12 Razzzaque M. M. , Kato T. Effects of groove orientation on hydro-dynamic behavior of wet clutch coolant films. *ASME Journal of Tribology*, 1999; **121**: 56 - 61

13 Razzzaque M. M. , Kato T. Effects of a groove on the behavior of a squeeze film between a grooved and a plain rotating annular disk. *ASME Journal of Tribology*, 1999; **121**: 808 - 815

14 Razzzaque M. M. , Kato T. Squeezing of a porous faced rotating annular disk over a grooved annular disk. *STLE Tribology Transactions*, 2001; **44**: 97 - 103

15 Berger E. J. , Sadeghi F. , Krousgrill C. M. Finite element modeling of engagement of rough and grooved wet clutches. *ASME Journal of Tribology*, 1996; **118**: 137 - 146

16 Berger E. J. , Sadeghi F, Krousgrill C. M. Analytical and numerical modeling of engagement of rough, permeable, grooved wet clutches. *ASME Journal of Tribology*, 1997; **119**: 143 - 148

17 Berger E. J, Sadeghi F, Krousgrill C. M. Torque transmission characteristics of automatic transmission wet clutches: experimental results and numerical comparison. *STLE Tribology Transaction*, 1997; **40**: 539 - 548

18 Jang J. Y. , Khonsari M. M. Thermal characteristics of a wet clutch. *ASME Journal of Tribology*, 1999; **121**: 610 - 617

19 Jang J. Y. , Khonsari M. M. Thermoelastic Instability Including Surface Roughness Effects. *ASME Journal of Tribology*, 1999; **121**: 648 - 658

20 Jang J. Y. , Khonsari M. M. Thermoelastic instability with consideration of surface roughness and hydrodynamic lubrication. *ASME Journal of Tribology*, 2000; **122**: 725 - 732

21 Holgerson M. Optimizing the smoothness and temperatures of a wet clutch engagement through control of the normal force and drive torque. *ASME Journal of Tribology*, 2000；**122**：119－125

22 Holgerson M.，Lundberg J. Engagement behavior of a paper-based wet clutch-Part 1：Influence of drive torque. *Journal of Automobile Engineering*，*Proc of Mechanical Engineers Part D*，1999；**213**：341－348

23 Holgerson M. Apparatus for measurement of engagement characteristics of a wet clutch. *Were*，1997；**213**：140－147

24 张鹏顺，陆思聪. 弹性流体动力润滑及其应用. 北京：高等教育出版社，1995

25 陈伯贤，裘祖干，张慧生. 流体润滑理论及其应用. 北京：机械工业出版社，1991：9

26 郑林庆. 摩擦学原理. 北京：机械工业出版社，1994

27 孙大成. 润滑力学讲义. 北京：中国友谊出版公司，1991

28 池长青. 流体力学润滑. 北京：国防工业出版社，1998

29 Yu T. H.，Sadeghi F. Groove effects on thrust washer lubrication. *ASME Journal of Tribology*，2001；**123**：295－304

30 魏宸官，刘金奎. 四轮驱动汽车用液体粘性离台器的理论和试验研究. 北京理工大学学报，1995；**15**(1)：117－124

31 张远君等. 流体力学大全. 北京：北京航空航天大学出版社，1991

32 裘祖干，陈伯贤. Oldroyd 流体的动载径向轴承分析. 复旦大学学报，1991；**30**(2)：136－142

33 陈学科，裘祖干. 幂律流体的平均流动模型在粗糙径向滑动轴承中的应用. 复旦大学学报，1995；**34**(6)：671－677

34 张　朝. 计入剪切变薄和粘弹效应的数据库辅助曲轴轴承分析.

内燃机学报，1998；**16**(1)：100 – 108

35 Zhang C. , Cheng H. S. Transient non-newtonian thermo hydrodynamic mixed lubrication of dynmically loaded journal bearings. *ASME Journal of Tribology*, 2000；**122**：156 – 161

36 Greenwood J. A. Two-dimensional flow of a non-Newtonian lubrication. *Proc Instn Mech Engrs*, 2000；**214** Part J：29 – 41

37 Dien I. K. , Elrod H. G. A. Generalized steady-state reynolds equation for nonnewtonian fluids, with application to journal bearings. *ASME Journal of Lubrication Technology*, 1983；**105**：385 – 390.

38 Li Wanglong. Surface roughness effects in hydrodynamic lubrication involving the mixture of two fluids. *ASME Journal of Tribology*, 1999；**120**：772 – 780

39 Chekina O. G. , Keer L. M. A new approach to calculation of contact characteristics. *ASME Journal of Tribology*, 1999；**121**：20 – 27

40 Sawyer W. G. , Tichy J. A. Non-newtonian lubrication with the Second-order fluid. *ASME Journal of Tribology*, 1998；**120**：622 – 628

41 Li Wanglong, Weng ChengI, Hwang Chichuan. Surface roughness effects in journal bearings with non-newtonian lubrication. *STLE Tribology Transactions*, 1996；**39**：819 – 826.

42 Li Wanglong, Weng ChengI, Hwang Chichuan. An average reynolds equation for non-newtonian fluid with application to the lubrication of the magnetic head-disk interface. *STLE Tribology Transactions*, 1997；**40**：111 – 119

43 Dai F. , Khonsari M. M. A theory of hydrodynamic lubrication involving the mixture of two fluids. *ASME Journal of*

Applied Mechanics, 1994; **61**: 634 - 641

44 Patir N., Cheng H. S. An average flow model for determining effects of three-dimensional roughness on partial hydrodynamic lubrication. *Trans. of ASME, Journal of Lubrication Technology*, 1978; **100**: 12 - 17

45 Patir N., Cheng H. S. Application of average flow model to lubrication between rough sliding surfaces. *Trans. of ASME, Journal of Lubrication Technology*, 1979; **101**: 220 - 230

46 Hu Y., Zheng L. Some aspects of determining the flow factors. *ASME Journal of Tribology*, 1989; **111**: 525 - 531

47 吴承伟，郑林庆. 接触因子及其在研究部分流体润滑中的应用. 润滑与密封，1989; **3**: 1 - 6

48 To H. Y., Farshid S. Groove effects on thrust washer lubrication. *ASME Journal of Tribology*, 2001; **123**: 295 - 304

49 Greenwood J. A., Williamson J. B. P. Contact of nominally flat surface. *Proc. Roy. Soc., London*, 1966; **A 295**: 300 - 319

50 Whitehouse D. J., Archard J. F. The properties of random surfaces of significance in their contact. *Proc. Roy. Soc., London*, 1970; **A 316**: 97 - 121

51 Nayak P. R. Random process model of rough surfaces. *Trans. of ASME, Journal of Lubrication Technology*, 1971; **93**: 398 - 407

52 Greenwood J. A., Tripp J. H. The contact of two nominally flat rough surfaces. *Proc. Instn. Mech. Engrs.*, 1971; **185**: 625 - 633

53 Susan R. Harp, Richard F. Salant. An average flow model of rough surface lubrication with inter-asperity cavitation. *ASME Journal of Tribology*, 2001; **123**: 134 - 143

54 Tomoyuki Miyazaki, Takayuki Matsumoto, Takashi Yamamoto. Effect of visco-elastic property on friction characteristics of paper based friction materials for oil immersed clutches. *ASME Journal of Tribology*, 1988; **120**: 393 – 398

55 Gelinck E. R. M. , Schipper D. J. Deformation of rough line contacts. *ASME Journal of Tribology*, 1999; **121**: 449 – 454

56 Tripp J. H. Surface roughness effects in hydrodynamic lubrication: The flow factor method. *ASME Journal of Lubrication Technology*, 1983; **105**: 458 – 465

57 Hu Yuanzhong, Zheng Lingqing. Some aspects of determining the flow factors. *ASME Journal of Tribology*, 1989; **111**: 525 – 529

58 Elrod H. G. A cavitation algorithm. *ASME Journal of Lubrication Technology*, 1981; **103**: 350 – 354

59 Payvar P. , Salant R. F. A computation method for cavitation in a wavy mechanical seal. *ASME Journal of Tribology*, 1992; **114**: 119 – 240

60 饶柱石，夏松波，汪光明. 粗糙平面接触刚度的研究. 机械强度, 1994; **16**(2): 72 – 75

61 张辅荃. 离合器摩擦片的温升分析. 机械设计与研究, 1998; **1**: 50 – 52

62 Yi Yunbo, Du Shuqin, Barber J. R. , Fash J. W. Effect of geometry on thermoelastic instability in disk brakes and clutches. *ASME Journal of Tribology*, 1999; **121**: 661 – 666.

63 Zagrodzki P. Analysis of thermomechanical phenomena in multidisc clutches and brakes. Wear, 1990; **140**: 291 – 295

64 杨世铭，陶文铨. 传热学. 北京：高等教育出版社, 1998

65 Pinkus O. , Lund J. W. Centrifugal effects in thrust bearings and seals under laminar conditions. *ASME Journal of*

Lubrication Technology，1981；**103**：126 - 136

66　南京大学数学系计算数学专业编. 偏微分方程数值解法. 北京：科学出版社，1979

67　杨华中，汪蕙编著. 数值计算方法与 C 语言工程函数库. 北京：科学出版社，1996

68　胡健伟，汤怀民著. 微分方程数值方法. 北京：科学出版社，1999

69　洪跃，刘谨，金士良，王云根. 液体粘性离合器中摩擦副的调速分析. 机械设计与研究，2002；**6**：53 - 56

70　洪跃，刘谨. 粘性调速离合器传动机理与数值计算. 润滑与密封，2003；**2**：6 - 11

71　洪跃，刘谨，金士良. 液体调速离合器中摩擦副热效应简化分析. 润滑与密封，2003；**5**：6 - 9

72　洪跃，刘谨，王云根. 液体调速离合器中摩擦副热效应分析. 中国工程科学，2003；**3**：55 - 60

73　Hong Y. , Liu J. , Jin S. L. Analysis groove characteristics of friction dishes in wet speeding clutch. *Engineering Science*，2004；**2**：52 - 57

74　Hong Y. , Liu J. , Wang Y. G. Thermal analysis of frictional disk in speeding wet clutch. *Mechanical Engineering*，2004；**1**：102 - 106

75　绪方胜彦著. 现代控制工程. 北京：科学出版社，1981

76　上海科鑫. 电子-液压产品电液伺服比例控制产品手册. 阿托斯技术服务中心，2003

77　王立新. 模糊系统与模糊控制教程. 北京：清华大学出版社，2003

78　诸静. 模糊控制原理与应用. 北京：机械工业出版社，1995

79　Kevin M. Stephen Yurkovich Fuzzy Control. 北京：清华大学出版社，2001

80 张国良等. 模糊控制及其 MATLAB 应用. 西安：西安交通大学
出版社，2002

81 朱麟章. 模糊集合及模糊控制设计基础. 电子・仪器仪表用户，
1997；**3**：1-7

82 王建华. 智能控制基础. 北京：科学出版社，1998

83 李士勇. 模糊控制・神经控制和智能控制论. 哈尔滨：哈尔滨工
业大学出版社，1998

84 李友善，李军. 模糊控制理论及其在过程控制中的应用. 北京：
国防工业出版社，1993

85 李圣怡. 智能制造技术基础：智能控制理论、方法及应用. 北京：
国防科技大学出版社，1995

86 Bernstein Dennis S. What makes some control problems hard.
IEEE Control Systems Magazine，2002；**8**：8-19

87 Visioli A. Tuning of PID controllers with fuzzy logic. *IEE
Proc. -Control Theory Appl.*，2001；**148**(1)：1-7

88 Park B. J., Pedrycz W., Oh S. K. Identification of fuzzy
models with the aid of evolutionary data granulation. *IEE
Proc-Control Theory Appl.*，2001；**148**(5)：406-418

89 Tsang K. M. Detuned deadbeat controllers with variable time
delay and fuzzy logic compensation. *Control and Intelligent
Systems*，2000；**28**(1)：7-11

90 Tao C. W., Taur J. S. A new design approach for fuzzy-
learning fuzzy controllers. *Asian Journal of Control*，2000；**2**
(9)：212-217

91 Sang Yeal Lee，Hyung Suck Cho. A fuzzy controller for an
aeroload simulator using phase plane method. *Ieee Transactions
on Control Systems Technology*，2001；**9**(11)：791-792

92 Schouten J. N.，Salman M. A，Kheir N. A. Fuzzy logic control
for parallel hybrid vehicles. *Ieee Transactions on Control*

Systems Technology，2001；**10**(3)：460 – 468

93　Shikh V. V. M. Estimating fuzzy variables in decision models. *Automatic Control and Computer Sciences*，2000；**34**（6）：30 – 33

94　李　俊，刘小宁. 智能控制中模糊控制的应用与发展. 自动化与仪表，2000；**1**：1 – 3

95　Yasukaza S.，Hirohisa T.，Takashi O.，Masao S. Fuzzy control of engagement of CVT-starting wet-clutch. *Research paper 9636420，Yokohama National University*，1996

96　丁化成等. AVR 单片机应用设计. 北京：北京航天航空大学出版社，2002

97　孙鹤旭. 交流步进传动系统. 北京：机械工业出版社，1999

98　李仁定. 电机的微机控制. 北京：机械工业出版社，1999

99　陈　忠. 基于双 CPU 结构的交流伺服驱动系统的研究. 上海机床，2001；**3**：65 – 68

100　张　琛. 直流无刷电动机原理及应用. 北京：机械工业出版社，1996

101　刘宝琴. 可编程逻辑器件的现状与应用. 电子技术应用，1997；**4**：4 – 7

102　任敏等. CPLD 和 FPGA 器件性能特点与应用. 传感技术学报，2002；**2**：165 – 168

103　熊承义，孙奉娄. 一种基于 CPLD 的宽可调 PWM 信号发生器. 中南民族学院学报，2001；**20**(3)：9 – 11

104　王振红等. 可编程逻辑器件与单片机构成的双控制器. 电子技术应用，2002；**1**：79 – 80

105　郑勇建等. 液体粘性调速离合器的实验与研究. 液压与气动，2002；**12**：35 – 37

致　谢

首先我要感谢我的导师刘谨教授给我机会，使我有可能完成博士学业，无论是研究课题的选题、规划还是到研究进展的整个过程中，刘先生始终给予我极大的帮助与鼓励. 在研究过程中，当我遇到困难进展缓慢时，总能得到导师的支持与安慰，出主意，指点我，让我提升克服困难的信心. 刘先生治学严谨、求实创新的态度，以及平易近人的作风永远值得我学习，在此向导师表示衷心的感谢.

在整个博士研究生学习工作过程中，我要感谢我所在教研室的领导、同事们给予的帮助与支持，尤其是金士良老师，承担了不少工作，使我能有更多的时间从事博士论文的工作.

在这里还要感谢上海电气研究中心副总工程师、开发部主任陈忠高级工程师在控制器的方案拟定、制作与实验研究方面提供的鼎立帮助与支持. 感谢金钢同学对本课题的帮助.

同时还要感谢上海赛达传动科技有限公司总经理王云根高级工程师为本项目提供了第一手资料与部分研究资助.

最后衷心感谢我的母亲、妻子、儿子，在我博士学业中给予我的鼓励、关怀和支持！